CorelDRAW

服装设计

经典实例教程

张记光　张纪文 ◎ 著

（第2版）

中国纺织出版社

内 容 提 要

《CorelDRAW 服装设计经典实例教程（第2版）》介绍了 CorelDRAW X6 软件在服装设计领域中的应用，结合多年的服装设计和教学经验，作者将大量服装设计师在工作中最常用到的设计案例呈现于书中，给读者最直观的参考。全书共分为八章，包括 CorelDRAW X6 简介、服装面料的绘制、服饰图案的绘制、服饰配件的绘制、女式服装的绘制、男式服装的绘制、时装人物的绘制等内容。

本书随书附赠光盘，将书中每一个实例做了全程视频讲解，直观而清晰，使读者学习起来犹如看电影一般轻松。

本书内容全面，实例丰富，可作为高等院校服装设计专业师生的教材，也可作为服装设计师及相关爱好者的参考用书。

图书在版编目（CIP）数据

CorelDRAW 服装设计经典实例教程 / 张记光，张纪文著 . --2 版 . -- 北京：中国纺织出版社，2016.6

ISBN 978-7-5180-2521-3

Ⅰ . ① C… Ⅱ . ①张… ②张… Ⅲ . ①服装设计—计算机辅助设计—图形软件—高等学校—教材 Ⅳ . ① TS941.26

中国版本图书馆 CIP 数据核字（2016）第 070362 号

责任编辑：张思思　特约编辑：刘 洁　责任校对：楼旭红
责任设计：何 建　责任印制：何 建

中国纺织出版社出版发行
地址：北京市朝阳区百子湾东里 A407 号楼　邮政编码：100124
销售电话：010—67004422　传真：010—87155801
http：//www.c-textilep.com
E-mail：faxing@c-textilep.com
中国纺织出版社天猫旗舰店
官方微博 http：//weibo.com/2119887771
北京华联印刷有限公司印刷　各地新华书店经销
2009 年 11 月第 1 版　2016 年 6 月第 2 版第 7 次印刷
开本：787×1092　1/16　印张：16.25
字数：143 千字　定价：68.00 元（附光盘 1 张）

凡购本书，如有缺页、倒页、脱页，由本社图书营销中心调换

第2版
前　言

时间过得真快，自从《CorelDRAW 服装设计经典实例教程》出版，到现在已经整整 6 年了，还记得当第 1 版的样书拿在自己手中那种无法言表的激动心情。在这几年里，不断接到出版社编辑告诉我这本书重印的消息，也在偶然发现不少服装专业院校把本书作为服装电脑设计课程的教材使用，没有想到这本书能够被这么多人使用，非常欣慰！

通过与服装专业师生沟通，不少读者对本书提出了宝贵意见，例如：这种把书中内容做成视频的形式非常易于学习；书中的实例有一些陈旧；可否就某些特殊的材料设计一些新的实例等。为此，一直有修订本书的冲动，2014 年 10 月中国纺织出版社编辑对我的鼓励，使我终于决定编写这本书的第 2 版。我用当时 CorelDRAW 的最新版本 X6 来撰写这本书，由于工作繁忙，这本书断断续续写了近一年半。CorelDRAW 的版本已经发布到 X7 了，这一点略显遗憾。

在进行本版修订时我主要对以下几点做了改进：

首先，我延续了第 1 版的优点，保留了读者可以在愉快的氛围中"像看电影一样轻松学习"的特点，把书中软件介绍及所有实例录制成近八个半小时的视频，这样可以大大降低学习难度，好像老师就在你的身边娓娓道来一样，缩短了软件学习的时间，使广大读者能够有一种亲身在课堂学习的感受。

其次，笔者近几年有幸辅导全国职业技能竞赛服装设计赛项学生参赛，并在近几年回访自己服装设计专业毕业生的过程中，对 CorelDRAW 软件的实际设计应用做了专门的调查。本着借鉴国内外同行的优秀 CorelDRAW 作品，结合新的服装潮流的原则，在本版书中，笔者把所有实例全部进行了更新，尽力在实例的选择中采纳一些较为流行的款式。但是，毕竟时尚的潮流变化太快，由于时间的关系，有的款式可能已不再流行，这一点还望广大读者谅解。

再次，由于本书被广大服装专业院校作为教材使用，所以笔者特别在第 1 版的基础上增加了服装款式图表现概述的内容。这一章节结合本人多年的教学经验，专门对服装款式图的绘制方法及绘制过程中的一些注意事项进行了细致的阐述，对后面章节中服装款式图的绘制方法给予了技术上的指导。

在本书的编写过程中，得到了海南服装工艺美术学校校长何龙梅女士的深切关怀，得到了海南红瑞集团设计师倪清艳女士的大力帮助，是她们在百忙之中给予了我多方面的帮助，在此表示衷心的感谢。

由于笔者水平有限，书中难免有疏漏之处，敬请各位服装界同仁给予批评和指导。

张记光　张纪文

2015 年 5 月于海南海口

第1版
前　言

　　我从事服装设计行业已有 18 年了，其中大部分时间在做服装设计教育工作。看到很多学生毕业后走上了工作岗位并取得成功，作为老师，我的心中感到无限的欣慰！

　　近年来，中国的服装工业在人们生活水平的提高和国际大形势的影响下方兴未艾，并基本完成了从劳动密集型向智能密集型的转化。依靠科学技术，产品的开发速度越来越快，产品的附加值不断提高。

　　在这种大形势的影响下，企业对服装设计人才的需求不断地增加。过去衡量一个设计师的水平标准是这个人的创新能力和手绘能力，但随着科学技术的发展和电脑的普及，电脑正在渐渐成为一名服装设计师设计不可缺少的工具。可以说，它的出现为服装设计行业带来了一场不小的革命，在电脑的帮助下，服装设计师可以轻易地看到自己所设计作品的色彩搭配、面料的质感、款式的变化、图案的运用及配料的运用等效果。一改过去设计师要靠自己的想象手工绘制服装效果图以及制作成衣来实现服装的表现方法，这样避免了大量人力和物力的浪费，而且突破了绘画材料和设计师绘画能力的限制。通过运用 CorelDRAW、Photoshop、Peint 以及各种服装专业设计软件（CAD），不但可以直观地看到设计的最终效果，还可以快速地根据需要进行款式换色，即时看到模特穿着效果等，弥补了以前手绘无法完成的工作，使服装设计师在进行设计时如虎添翼，大大地提高了设计师的工作效率。

　　开始接触电脑并把电脑运用到自己的设计和教学中是近几

年的事情了。同所有初学者一样，刚刚开始的时候，感觉真的是不知所措，而且几个软件一起学，走过不少弯路，有时觉得电脑还真的不如自己的手绘方便，往往手绘时几秒钟能够画成的一条曲线，在电脑中处理了几分钟还是很不理想。但随着自己学习的不断深入，才发现电脑在绘图时用的是另一种方法，掌握了它之后，惊奇地发现，原来电脑是如此神奇！可以做到以前我们努力想用手绘表现，但因材料和水平限制而无法达到的很多效果，并且大大地节约了绘图时间，避免了许多不必要的重复工作。现在，电脑就好像是我绘图时用的铅笔和生活中用的筷子一样，已经成了我工作和生活的一部分，无法分开了！

在自己学习电脑的过程中，遇到了很多问题和麻烦，如我学习电脑是为了绘制服装的款式图和效果图，但市场所卖的关于一些软件的书籍都无一例外是在讲述关于平面设计和插画方面的知识。虽然说艺术都是相通的，但学习起来十分不顺手。近两年市面上也出现了一些关于服装设计软件运用的书籍，但这些书籍大多倾向于服装效果图，而对于设计师实际运用最多的款式图，只是一带而过，或是讲得很教条，内容太简单，与实际工作根本接不上轨，现在服装公司在招聘时往往还要求设计师具备一定的电脑知识，而且主要是用电脑绘制款式图。很多设计师因为电脑的操作水平有限，所以和理想的工作擦肩而过。当想充电时，在市面上又找不到这方面的书籍，或者是不够全面，跟实际工作挂不上钩。

基于这点我决定写这本书，把目标锁定在目前设计师在实际工作中运用最多的、也是最实用的一款软件——CorelDRAW X4，指导方针是围绕我们在工作中用得最多的款式图、效果图展开讲述，结合自己多年的设计和教学方面的经验，在写作方面尽量做到实例时尚化，贴近实际市场，且有代表性。摒弃教条，力争做到通俗易懂。内容的安排上努力做到低起点、高要求，由浅入深。在知识点的讲解中尽可能考虑到不同起点的电脑水平的爱好者。

在写这本书之前，我也曾把自己的一些CorelDRAW时装款式图教程发布到网上，目的是为了收集更多人对这一教程的意见，并在写书时使自己所讲的内容更贴近实际，更易被广大服装设计师所接受！

另外，为了方便广大服装设计师学习，我把书中的所有实例以及第1章——软件介绍部分全部录制成视频，时间总计八个半小时，使广大读者可以在愉快的氛围中"像看电影一样轻松学习"。

本书适用于时装设计师、时尚杂志等相关领域的从业人员，高校相关专业师生，社会短期培训班学生。希望通过本书学习，能使即将入职的服装设计师提前获得实践经验，让在职服装设计师迅速提高专业水平。

在本书的编写过程中，得到了香港时装设计学院海南学院何龙梅院长的深切关怀，得到了东莞旺彩服饰有限公司设计师倪清艳女士的大力帮助，是她们在百忙之中给予了我多方面的指正，在此表示衷心的感谢。

由于编者水平有限，书中难免有疏漏之处，敬请各位服装界的同仁给予批评和指导。

张记光

2009年6月于香港时装设计学院海南学院

🎈 目 录

第一章

服装款式图表现概述

第一节
服装款式图绘制的重要性及注意事项

一、服装款式图绘制的重要性

服装设计是艺术和技术的完美结合，服装设计是服装设计师经过市场调查，分析各种流行因素，进行设计构思，然后绘制出设计草图和效果图，并通过服装技术部门采料、打板、打样，直至大批量生产并投放市场的过程。服装的艺术构思是时装美的基础，工艺是实现服装设计的物质条件，服装款式图（也称服装平面图或服装工艺结构效果图）是以表现服装工艺结构，方便服装生产部门使用为目的的服装款式效果图。

就作者多年从事服装设计和服装教学的经验，在工业化服装生产的过程中服装款式图的作用远远大于服装效果图。但是，服装款式图的绘制方法往往会被初学服装设计的学生和服装专业人员所忽略，这给服装设计人员与服装打板师、样衣工之间的交流造成很大的障碍。有很多服装设计师甚至会认为只要画好了服装效果图，服装款式图自然就会了，也有人认为，服装效果图只要能交代清楚服装款式图就可以了，其他不用管，这种看法往往对设计者在实际工作中产生很多误导。虽然服装效果图具备很强的表现力，但是它的表现不如服装款式图精确明了，这是由于服装效果图中包含着一个立体的、动态的人体，由于人体动态、透视等多方面原因，服装的细节不可能在服装画上完全显现出来。另外，在服装画的教学中，人体总是以被夸张后的比例出现，把服装穿在这样的人体上，服装自然就会出现变形，虽然这样看起来服装的效果得以美化，但对于打板师和样衣工来说，如果也按时装画的比例来打板和制作的话，那就让设计师太伤脑筋了。所以对于服装款式图，我们也要向对待服装效果图和打板、工艺等一样认真对待。

因为服装款式图的绘制要为服装的下一步打板和制作提供重要的参考依据，所以服装款式图的画法有着自己的规范要求。款式图的画法应强调制作工艺的科学性、结构比例的准确性。要求服装的表现一丝不苟，面面俱到，线条清晰明了。在款式图绘制完成后，一定要能使服装行业的所有参与生产层面的工作人员都能看得清清楚楚，一目了然。在此基础上，服装款式图的绘制也要有一定美感，使其能更加完美地体现设计者的设计思想。

二、服装款式绘画应注意的几个问题

1. 比例

在服装款式图的绘制中首先应注意服装外形及服装细节的比例关系，在绘制服装款式图之前，服装设计师应该对所画的服装的所有比例有详尽的了解，因为各种不同的服装有其各自不同的比例关系。在绘制服装的比例时，我们应注意"从整体到局部"，绘制好服装的外形及主要部位之间的比例。如服装的肩宽与衣身长度之比，裤子的腰宽和裤长之间的比例，领口和肩宽之间的比例，腰头宽度与腰头长度之间的比例等。把握好这些比例之后，再注意局部和局部，局部与整体之间的比例关系（必要时可以借助尺规），如图1-1、图1-2所示。

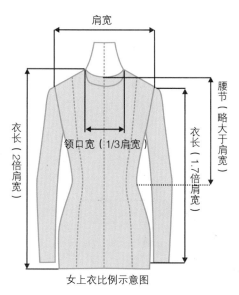

女上衣比例示意图

男上衣比例示意图

图 1-1

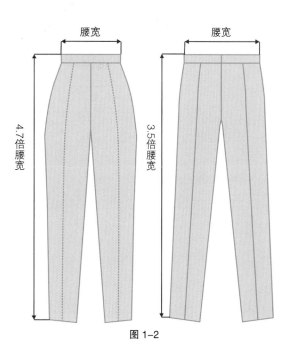

图 1-2

2. 对称

如果沿人体的眉心、人中、肚脐画一条垂线，以这条垂线为中心，人体的左右两部分是对称的。因人体的因素，所以服装的主体结构必然呈现出对称的结构。"对称"不仅是服装的特点和规律，而且很多服装因对称而产生美感。因此在款式图的绘制过程中，我们一定要注意服装的对称规律。

初学者在手绘款式图时可以使用"对折法"来绘制，这是一种先画好服装的一半（左或右），然后再沿中线对折，描画另一半的方法，这种方法可以轻易地画出左右对称的服装款式图。当然在用电脑软件来绘制服装款式图的过程中，我们只要画出服装的一半，然后对这一半进行再制，把方向旋转一下就可以完成，比手绘要方便得多（图1-3）。

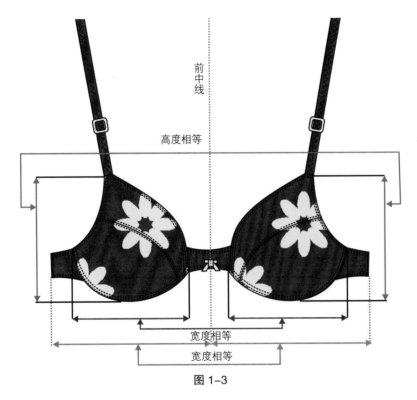

图 1-3

3. 线条

服装款式图一般是由线条绘制而成的。所以我们在绘制的过程中要注意线条的准确和清晰，不可以模棱两可，如果画得不准确或画错线条，一定要用橡皮擦干净，绝对不可以保留，因为这样会造成服装制图和打样人员的误解。

另外在绘制服装款式图的过程中，我们不但要注意线条的规范，而且还要注意表现出线条的美感，要把轮廓线和结构线、明线等线条区别开。一般，我们可以利用四种线条来绘制服装款式图，即粗线、中粗线、细线和虚线。粗线主要用来表现服装的外轮廓，中粗线主要用来表现服装的内部结构，细线主要是用来刻画服装的细节部分和一些结构较复杂的部分，而虚线又可以分为很多种类，它主要用以表示服装的缉明线部位，如图1-4所示。

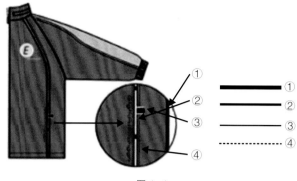

图 1-4

4. 文字说明和面辅料小样

在服装款式图绘制完成后，为了使打板师和打样师更准确地完成服装的打板与制作，我们还应标出必要的文字说明，其内容包括：服装的设计思想，成衣的具体尺寸（如衣长、袖长、袖口宽、肩斜、前领深、后领深等），工艺制作的要求（如明线的位置和宽度、服装印花的位置和特殊工艺要求、扣位等）及面料的搭配和款式图在绘制中无法表达的细节。

另外在服装款式图上一般要附上面、辅料小样（包括扣子、花边以及特殊的装饰材料等）。这样可以使服装生产参与者更直观地了解设计师的设计意图，而且这也为服装生产过程中采购辅料提供了重要的参考依据，如图1-5所示。

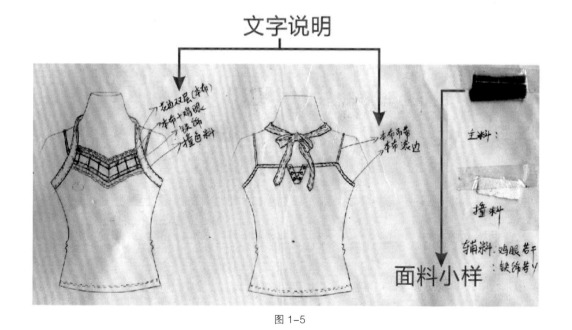

图 1-5

5. 细节

服装款式图要求服装设计师必须把服装交代得一清二楚，所以我们在绘制款式图的过程中一定要注意把握服装的细节刻画，如果画面大小受限，我们可以用局部放大的方法来展示服装的细节，也可以用文字说明的方法为服装款式图添加标注或说明，把细节交代清楚。在这一方面服装设计师一定不能怕麻烦，如图 1-6 所示。

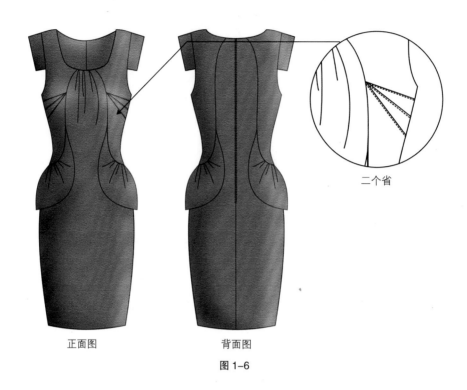

二个省

正面图　　　　　　　　背面图

图 1-6

第二节

服装款式图的表现形式及方法

一、服装款式图的表现形式

一般情况下，服装款式图只要求服装设计师把服装的结构、工艺、细节交代清楚，所以表现形式并不是很多，但由于服装种类不同，一种表现形式往往无法完成各种不同服装的表现要求。如用画制服的方法去表现礼服或时装，就会把礼服或时装画得很死板，体现不了礼服或时装的美感。所以我们把服装款式图的表现形式总结为三种，即"地面摆放法""人台穿着法""虚拟动态人体穿着法"。下面分别对这三种方法进行介绍。

1. 地面摆放法

这是一种最常见的服装款式图表现形式，基本上可以适应所有服装的款式图画法，通过这种方法可以展示服装的各个部位的结构和细节。这种款式图只画服装的平面造型，无需表现服装穿在人体上的透视效果和运动的变化效果，不画衣纹和衣褶，在某种程度上我们可以把它理解为：服装在制图时的结构线是直的，我们就画直线，如果制图的结构线是曲线，我们就把款式图画成曲线，而且要和制图的曲线弧度一致。这种图一般应用在服装的板单或设计说明书上，如图 1-7 所示。

2. 人台穿着法

这种绘制方法，也是服装款式图的主要表现方法之一。主要用于一些较规范的制服、礼服、裙子等服装类型。在这种款式图的绘制过程中，我们可以做好一个标

正面图　　　　　　背面图

图 1-7

准的人台或立正人体模板，把它放在下面，在上面覆盖一张描图纸，根据人体或人台的造型来绘制服装的款式及结构，但在绘制过程中要注意服装的放量。当然在利用这种方法绘制服装款式图时，人台和人体模板的绘制要求一定要比例精确，不能像画服装效果图那样把人体拉长。人台及人体模板的比例要符合正常人体的身长比例。此外，这种画法也可以根据个人习惯与工艺要求稍画一些透视，如图1-8所示。

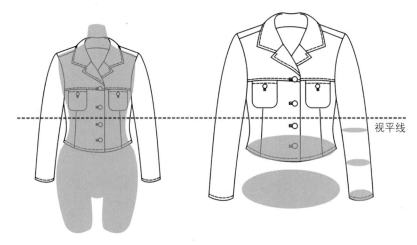

视平线

图1-8

3. 虚拟人体动态穿着法

严格地说，这种表现形式已不能被完全称为"服装款式图"了，因为它的表现形式已非常接近服装效果图。它的绘制方法我们可以理解为：把服装穿在一个透明的、动态的人身上服装所呈现出的效果。

当然，不是所有服装都适合这种画法。这种绘制方法特别适合表现休闲装、牛仔裤和运动装，因为这种服装在某种情况下用人台穿着法和地面摆放法来绘制会显得很死板，没有生气。另外这种方法也适用于那些主要表现服装的某一局部，而且是其他部分很简单的款式，如表现圆领T恤的印花图案，或表现牛仔裤的某一局部的设计。这种方法主要是在表现服装款式的同时，可以把服装的艺术风格、动态也灵活地表现出来，算是款式图中的"效果图"了。这种款式图大多运用于流行策划书上及一些款式手稿作品集等，它是介于服装效果图与服装款式图之间的一种款式图表现形式，如图1-9所示。

图1-9

二、服装款式图的表现方法

1. 铅笔单线

铅笔单线是服装平面款式图中最常见的表现方法。它以自动铅笔为主要表现工具，采用单线的形式对服装款式进行描绘。自动铅笔简单实用、方便易掌握、便于修改，线条粗细容易把握，画面效果清晰明确，对缝缉线、省位及工艺装饰等细小部位能够作深入的描绘。在绘制服装款式图的过程中我们一般准备两种规格的自动铅笔：0.5 与 0.7 粗细的自动铅笔。绘制服装款式图通常选用软硬适中的 2B 铅芯为宜。在实际运用过程中我们还可以用彩色铅笔或者马克笔对款式图进行简单的上色。

2. 中性笔单线

中性笔是一种新型的表现工具，方便、快捷，中性笔笔尖有粗有细，可以就绘制服装款式图的不同需求使用不同粗细的笔尖。在实际运用过程中我们还可以用彩色铅笔或者马克笔对款式图进行简单的上色。

3. 电脑制图

Photoshop 和 CorelDRAW 是两款功能强大的图形制作软件。Photoshop 能方便地进行图像、色彩的选取及调整，因此非常适合作图形的处理。CorelDRAW 更利于图像的绘制，特别是 CorelDRAW X6 在原有软件功能的基础上做了许多调整，从而使其系统更为完善、功能更为强大。利用电脑绘制的服装平面款式图，不仅画面新颖、图像清晰，更重要的是电脑制图作为一种全球化的通用语言，能使人与人的沟通与协作更方便。

三、服装款式图的绘制方法

1. 借助模板法

这种方法是先根据人体具体尺寸绘制模板，然后把模板放置在绘制服装款式图的纸张下方，借助模板在绘制服装款式图的纸张上绘制服装款式图。当然，这种方法在我们利用软件进行服装款式图和服装效果图的绘制时也可以使用。此方法对于初学者非常实用。但是，我们要注意模板的绘制一定要符合人体的具体尺寸，切不可像绘制服装效果图一样对人体进行夸张，因为参照这样的模板绘制的服装款式图是变形的，是不符服装生产需要的。为了方便读者，作者根据人体具体参数绘制了服装款式图模板，如图 1-10、图 1-11 所示。

使用方法：

（1）手绘使用该模板，可以把模板从该页拷贝后，放置于纸张下方绘制服装款式图。

（2）在本书所附带的光盘中有该模板的电子稿，如果是用软件进行服装款式图绘制的话，可以把该模板打开（切记在 CorelDRAW X6 中使用模板时，一定要对模板进行锁定，以免影响服装款式图和服装效果图的绘制）直接进行绘制。当然也可以把该模板直接进行打印，然后放置于纸张下方手工绘制服装款式图。

（3）在利用模板进行服装款式图绘制时，一定要注意绘制的模板是按照人体的原始数据进行绘制的，没有增加服装的放量，所有在利用模板进行服装款式图绘制时，一定要根据不同的服装类型的要求适当地增加服装的放量。

2. 徒手绘制法

顾名思义，这种方法是不借助模板绘制尺规，徒手在绘图用纸上进行服装款式图绘制，这种方法对于服装设计师的美术功底要求较高。但是，从长远来看，徒手绘制服装款式图和服装效果图是服装设计师必须要掌握的技能。

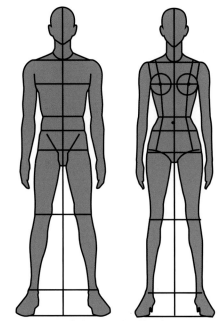

款式图用男女人体模板

图 1-10

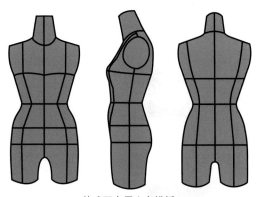

款式图专用人台模板

图 1-11

第二章

CorelDRAW X6 简介

第一节

CorelDRAW X6 基本操作界面及相关概念介绍

Corel 公司始创于 1985 年，目前是加拿大最大的软件公司，也是应用程序、绘图及桌面排版软件的第二大销售商。它以其高质量的工具软件、PC 绘图及多媒体软件在全球图形软件和商业应用软件领域中处于国际领先地位。CorelDRAW 以其 17 种以上的语言版本风靡全球，并获得了超过 215 项的国际性大奖，是目前世界上内容最丰富、最优秀，功能最强大的绘图软件之一。CorelDRAW X6 是 Corel 公司于 2012 年推出的最新版本，从工作界面的设计到系统的稳定，CorelDRAW X6 都较以前的版本有了很大的改进。利用它，我们可以轻松地完成服装款式图、效果图以及服装打板，图文混排及高品质输出。在众多矢量图形图像处理软件中，CorelDRAW X6 以强大的绘图功能和便捷的操作系统受到了广大服装设计人员及普通用户的欢迎！CorelDRAW X6 启动窗口如图 2-1 所示。

图 2-1

一、CorelDRAW X6 的基本操作界面

在桌面上单击开始 / 程序 /CorelDRAW X6，即可打开 CorelDRAW X6 的应用程序。经过以前各个版本的不断优化与升级，CorelDRAW X6 中的绘图工具与操作环境规划得比较整洁有序，操作界面与大多数 Windows 操作系统相似，操作者在很短的时间内就可以熟悉，并能轻松进入 CorelDRAW X6 的艺术殿堂。在 Windows7 中运行 CorelDRAW X6 时的操作界面如图 2-2 所示。

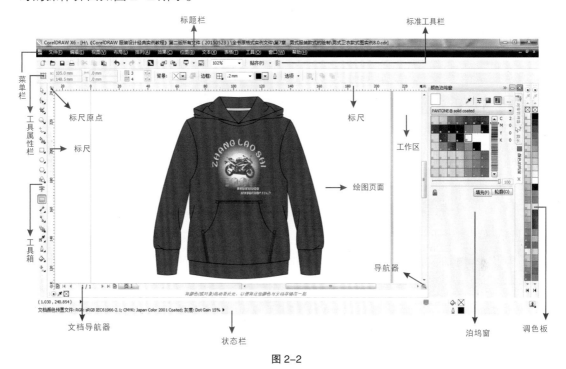

图 2-2

（1）标题栏：位于整个窗口的顶部，主要显示当前所打开绘图文件的标题，同时可用于控制文件窗口的大小。

（2）菜单栏：包括下拉菜单选项区域中文件、编辑、视图、布局、排列、效果、位图、文本、表格、工具、窗口、帮助 12 个选项。

（3）标准工具栏：为了方便广大软件使用者操作，CorelDRAW X6 将一些经常使用的命令单独列出，组成了标准工具栏，从左到右依次为新建、打开、保存、打印、剪切、复制、粘贴、撤销、重做、搜索内容、导入（位图及其他文件格式）、导出（保存矢量图为位图及其他文件格式）、CorelDRAW X6 其他应用程序的启动器、欢迎屏幕、页面的显示比例、贴齐选项。

（4）工具属性栏：缺省为页面属性，根据不同的操作显示或者修改所选中物体在所选

的工具中的属性。

(5) 工具箱：工具箱位于 CorelDRAW X6 工作界面的左侧，其中放置了经常使用的工具，并且将功能相似的工具组合在一起，操作起来非常方便。

(6) 泊坞窗：CorelDRAW X6 中包含了多种泊坞窗，是 CorelDRAW X6 的一大特色，与 Photoshop、Illustrator、FreeHand 等浮动面板的功能相似，是包含与特定工具或任务相关的可用命令和设置的窗口。

(7) 调色板：在默认状态下，CorelDRAW X6 显示的是标准调色板，在调色板上单击左键可以为一个已选定的对象填充颜色（但是默认情况下要保证该对象必须是闭合路径），单击右键可以为一个已选中的对象填充轮廓线颜色（在默认状态下，CorelDRAW X6 绘制的线条轮廓线为黑色，线条宽度为 0.2mm）。

(8) 状态栏：当在工作区中选中一个对象时，状态栏中将显示它的位置、大小、填充情况、轮廓线粗细等状态信息。

(9) 绘图页面和工作区：绘图页面就是在绘图时建立的图纸区，与其他软件不同的是 CorelDRAW X6 允许操作者在图纸以外区域进行绘图或其他操作，当图纸以外的对象（区域）被保存时可以一起被保存，但打印时图纸以外的对象（区域）是不会被打印出来的，所以工作区就相当于一个文件临时存放区，绘图页面相当于效果图的正稿。

(10) 文档导航器：应用程序窗口左下方的区域，用于页面间转换和添加新页面的控件。

(11) 导航器：右下角的按钮，可以打开一个较小的显示窗口，帮助操作者在绘图上进行移动操作。

(12) 标尺：用于确定绘图中对象大小及位置的水平和垂直边框。可以设置工作区的原点（坐标的 0 点）。

(13) 原点：在默认情况下坐标的原点在绘图页面的左下角，实际运用时将光标放在原点上拖拉到适合的位置后释放即可得到新的原点位置。

二、CorelDRAW X6 相关基础概念及术语

(1) 对象：指在绘图过程中创建或放置的任何项目，其中包括线条、形状、符号、图形和文本等。

(2) 矢量图：一系列由线条和路径组成的点，这些点决定了所绘线条的位置、长度和方向。因此，矢量图形是线条的集合体，如图 2-3 所示。

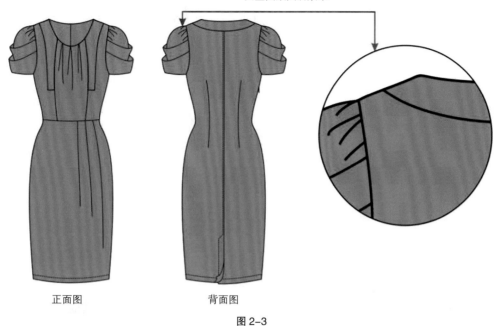

矢量图放大后效果

正面图   背面图

图 2-3

（3）位图：由无数个像素拼合而成，组成图像的每一个像素点都有自身的位置、大小、亮度和色彩等，位图由屏幕上被称为像素的小方格构成，所以位图与像素有着密切的关系。对位图的操作都是对像素的处理。位图可以表现出丰富多彩的图像效果，但是当位图被高倍放大时，图像边缘会有锯齿出现，如图 2-4 所示。

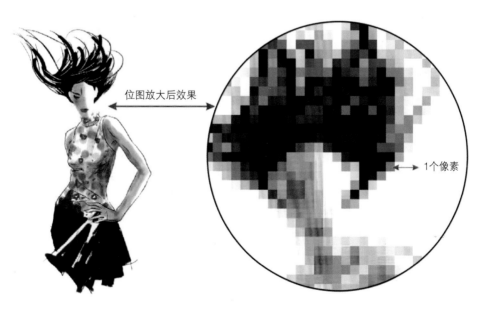

位图放大后效果

1个像素

图 2-4

（4）属性：对象的大小、颜色及文本格式等基本参数。

（5）贝塞尔曲线：由直线或曲线的线条组成，组成线条的节点都有控制手柄，通过控制手柄可以改变线条的形状，如图2-5所示。

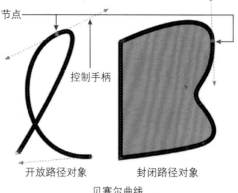

贝塞尔曲线

图2-5

（6）路径：由单条或多条直线、曲线组成。将单条或多条路径组合，就形成了对象，如图2-5所示。

（7）开放路径对象、封闭路径对象：开放路径对象的两个端点是不相交的。封闭路径对象指两个端点相连构成连续路径的对象。开放路径对象既可以是直线，也可以是曲线，例如用【手绘】工具创建的线条、用【贝塞尔曲线】工具创建的线条等。但是，在用【手绘】工具或【贝塞尔曲线】工具时，把起点和终点连在一起可以创建封闭路径。封闭路径对象包括圆、正方形、网格、自然笔线、多边形和星形等。封闭路径对象是可以填充的，而开放路径对象在默认状态时则不能填充，如图2-5所示。

（8）节点：节点是分布在线条中的方块点，用于控制线条的形状，如图2-5所示。通过创建节点，在节点之间生成连接线，从而组成直线或曲线。

（9）美术文本：使用文字工具创建的一种文字类型，输入较少文字时使用（如标题），如图2-6所示。在美术文本中可以应用图形效果，制作曲线形排列文字，创建立体及其他的特殊效果。

（10）段落文本：使用文字工具创建的另一种文字类型，用于输入大篇幅的文字（如正文），使用段落文本便于对段落格式进行编排，以达到所需的版面效果，如图2-6所示。

服装设计

Pantone色彩：Pantone公司是一家专门开发和研究色彩而闻名全球的权威机构，也是色彩系统和领先技术的供应商，提供许多行业专业的色彩选择和精确的交流语言。

美工文本　　　　　　　　　段落文本

图2-6

《11》Pantone 色彩：Pantone 公司是一家专门开发和研究色彩而闻名全球的权威机构，提供许多行业专业的色彩选择。Pantone 色卡是从设计师到制造商、零售商，最终到客户的色彩交流中的国际标准语言。在服饰、家居以及室内设计行业中，潘通服装和家居色彩系统（PANTONE for fashion and home）是设计师的主要工具，用于选择和确定纺织、服装生产使用的色彩。在 CorelDRAW 软件中自带有 PANTONE 色彩调色板，单击工具箱中的颜色泊坞窗：弹出【颜色】泊坞窗，在【颜色】泊坞窗中有默认的 PANTONE 色彩调色板，如图 2-7 所示。

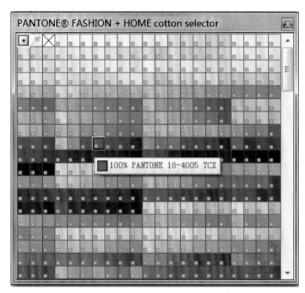

图 2-7

第二节

CorelDRAW X6 工具箱简介

　　工具箱位于 CorelDRAW X6 工作界面的左侧，工具箱中的图标是绘图工具，配合工具属性栏和菜单栏的设置，完成目标效果绘制。在具体运用中，工具箱中的工具通常需要协作使用。工具名称后的字母为工具的快捷键（挑选工具的快捷键为空格），将光标放置在工具上，片刻后工具的名称就会显示出来。下面对工具箱作简单的介绍，如图 2-8 所示。

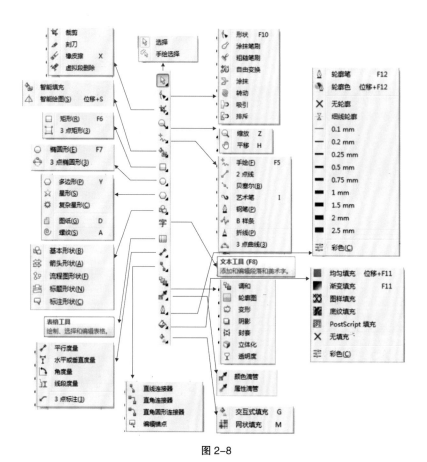

图 2-8

《1》【选择】工具：⬚ **选择** （快捷键——空格）【选择】工具是用来选择对象，在 CorelDRAW X6 中对任何一个对象进行操作之前都必须先选中对象，【选择】工具允许操作者选择对象、设置对象大小、倾斜和旋转对象，具体介绍如下。

① 选择对象：在对象上单击鼠标左键，可以选中该对象。

② 加选：按住键盘上的【Shift】键并单击鼠标左键，可同时选中多个对象。

③ 减选：已选中多个对象时，按下键盘上的【Shift】键并单击鼠标左键，可以对已选中的对象进行减选。

④ 框选：单击鼠标左键并拖拉选中多个对象。

⑤ 全选：双击【选择】工具可选中工作区上所有的对象。

⑥ 移动对象：在对象上单击鼠标左键并拖拉，可以移动该对象。

⑦ 设置对象大小：在对象的控制点上单击鼠标左键并拖拉，可以改变该对象的大小。

⑧ 旋转对象：将光标放在对象中心控制点上，连续单击鼠标左键两次，可以对该对象进行旋转。

⑨ 再制：单击鼠标左键，拖拉对象到合适的位置，在不松开鼠标左键的情况下，单击鼠标右键，释放鼠标左键，可以再制该对象。

⑩ 等比例同心再制：选中对象四个边角控制点中的任意一个，同时按下鼠标左键和键盘上的【Shift】键，向内或者向外拖拉，得到一个同心的对象；不松开左键，单击鼠标右键，释放鼠标左键，可以等比例同心再制该对象。

《2》【手绘选择】工具：⬚ **手绘选择** 主要作用也是用来选择对象，与【选择】工具不同之处是它可以以类似徒手手绘的方式圈定要选择的对象。

《3》【形状】工具：⬚ **形状** （快捷键 F10）主要作用是编辑曲线、编辑节点以及调整文字的行间距。在绘制服装款式图和服装效果图的过程中，其利用率是相当高的。

《4》【涂抹笔刷】工具：⬚ **涂抹笔刷** 与 Photoshop 中的【涂抹】工具相似，但只作用于曲线。

《5》【粗糙笔刷】工具：⬚ **粗糙笔刷** 允许操作者沿矢量对象的轮廓拖放对象以使其轮廓变形。使用粗糙笔刷可以使平滑的曲线变成折线（刷过的地方为折线）。

《6》【自由变换】工具：⬚ **自由变换** 可以使对象自由旋转、自由镜像、自由缩放、自由倾斜、更换位置和变换大小，这些命令还可以在它相应的属性栏中进行设置。

《7》【涂抹】工具：⬚ **涂抹** 是 CorelDRAW X6 中新增的工具，其主要作用与 Photoshop 中的【涂抹】工具相似，但只作用于曲线。

《8》【转动】工具：⬚ **转动** 是 CorelDRAW X6 中新增的工具，其主要作用是使曲线对象产生转动效果。

（9）【吸引】工具：[IMG] 吸引 是 CorelDRAW X6 中新增的工具，其主要作用是使曲线对象产生变形效果。

（10）【排斥】工具：[IMG] 排斥 是 CorelDRAW X6 中新增的工具，其主要作用是使曲线对象产生变形效果。

（11）【裁剪】工具：[IMG] 裁剪 允许操作者将对象上不需要的区域裁切掉。裁剪工具同时作用于矢量图和位图。

（12）【刻刀】工具：[IMG] 刻刀 将一个对象按照所画的直线或曲线进行切割。

（13）【橡皮擦】工具：[IMG] 橡皮擦 X 擦除对象的某些部分或全部（只对单个对象起作用）。

（14）【虚拟段删除】工具：[IMG] 虚拟段删除 可以删除多个对象之间相交的部分。

（15）【缩放】工具：[IMG] 缩放 （快捷键是【Z】）用于缩放观察对象。

CorelDRAW X6 缩放观察对象常用的快捷键：

① 按【F2】键可以在不改变其他工具的情况下放大一次。

② 按【F3】键可缩小一次。

③ 按【F4】键可使画面所有对象满画面显示。

④ 按【Shift】+【F2】键可以使选中的对象全屏显示。

⑤ 按【Shift】+【F4】键可以使绘图页面全屏显示。

（16）【平移】工具：[IMG] 平移 （快捷键是【H】）也叫抓手工具，其作用是用于移动绘图页面，在 CorelDRAW X6 中移动视图还有三种方法：

① 利用【Alt】+ 方向箭头。

② 利用滚动条。

③ 利用导航器。

（17）【手绘】工具：[IMG] 手绘 （快捷键是【F5】）用于徒手绘制曲线，因为这一工具在使用时不易控制线条的曲度，所以该工具使用频率不高。

（18）【2点线】工具：[IMG] 2点线 其作用是连接起点和终点绘制一条直线。

（19）【贝塞尔】工具：[IMG] 贝塞尔(B) 工具可以绘制设计师所需要的各种图形和线条，然后用【形状】工具进行修改。在绘制服装款式图的曲线时，初学者需要多多练习，熟练掌握【贝塞尔】工具，把曲线一次画到位，从而提高绘制款式图和效果图的速度。

（20）【艺术笔】工具：[IMG] 艺术笔 I 使用方法类似【手绘】工具，但不同点是【艺术笔】工具可以直接绘制出闭合图形并填充颜色；通过对【艺术笔】工具栏属性的设置还可以绘制各种图案和笔触效果。另外，使用【艺术笔】工具可以访问笔刷对象、喷罐、书法和压感四种工具。

（21）【钢笔】工具：✎ **钢笔(P)** 使用方法与【贝塞尔】工具类似，不同之处是【钢笔】工具在绘制线条的过程中，能在确定下一点之前看到曲线当前的形状。

（22）【B样线】工具：✐ **B样条** 该工具的使用方法是通过设置不用分割成段来描绘曲线的控制点进而绘制曲线。

（23）【折线】工具：✎ **折线(P)** 允许在预览模式下绘制直线和折线。

（24）【3点曲线】工具：✐ **3点曲线(3)** 可以绘制一条可控制曲度的曲线；允许操作者通过定义起始点、结束点和中心点来绘制曲线。

（25）【智能填充】工具：🖌 **智能填充** 允许操作者从闭合区域创建对象并对其进行填充。

（26）【智能绘图】工具：△ **智能绘图(S)** **位移+S** 能在绘制过程中自动识别圆形、矩形箭头和平行四边形，智能地识别曲线等；智能绘图工具可以将绘制的手绘笔触转换为基本形状和平滑曲线。

（27）【矩形】工具：□ **矩形(R)** （快捷键【F6】）在服装款式图的绘制过程中【矩形】工具的利用率很高，因为很多服装的结构都比较接近矩形，所以在绘制过程中，可以先绘制矩形，然后把它转换为曲线，再用【形状】工具对其进行修改，就能获得需要的形状，这样绘制的优点是无论怎样对图形进行修改，它始终是闭合路径，不会影响对象的填色。【矩形】工具的使用方法如下：

① 可以绘制矩形、圆角矩形、正方形等。

② 按住【Ctrl】键不放拖动鼠标可以绘制正方形。

③ 按住【Shift】键不放拖动鼠标可以绘制一个以单击点为中心的矩形。

④ 按住【Ctrl】+【Shift】键拖动鼠标可绘制一个以单击点为中心的正方形。

⑤ 当绘制出一个矩形后，可以通过矩形工具属性栏设置得到一个精确大小的矩形或圆角矩形。

（28）【3点矩形】工具：▯ **3点矩形(3)** 利用【3点矩形】工具可以绘制一个相对精确的矩形。

（29）【椭圆形】工具：○ **椭圆形(E)** （快捷键【F7】）使用【椭圆形】工具可以方便地绘制正圆、椭圆、饼形和弧线，使用方法与【矩形】工具的使用方法基本相同。

（30）【3点椭圆形】工具：⬠ **3点椭圆形(3)** 通过【3点椭圆形】工具可以绘制一个相对精确的椭圆形。

特别说明：矩形、椭圆形、多边形、星形和文字都是特殊曲线，要想对这些形状进行自由变形就必须把它们转换成正常曲线。转换曲线的方法如下：

① 单击右键，在弹出的任务栏中选择"转换为曲线"即可转换成正常曲线。

② 在【矩形】工具或【椭圆形】工具属性栏中进行转换。

③ 执行菜单上的【排列】/【转换为曲线】命令进行转换。

④ 使用快捷键【Ctrl】+【Q】进行转换。

（31）【多边形】工具：⬡ 多边形(P) （快捷键【Y】）可以绘制出 CorelDRAW X6 中已预置好的多边形等图形。

（32）【星形】工具：☆ 星形(S) 可以绘制出 CorelDRAW X6 中已预置好的星形。

（33）【复杂星形】工具：✿ 复杂星形(C) 可以绘制出 CorelDRAW X6 中已预置好的有相交边的复杂星形。

（34）【图纸】工具：▦ 图纸(G) 可以绘制不同大小、不同列数和行数的网格图形。

（35）【螺纹】工具：◎ 螺纹(S) 可以绘制各种不同圈数和不同性质的螺旋纹，【螺纹】工具可以绘制对称式螺纹和对数式螺纹。

（36）【基本形状】工具：🔲 基本形状(B) 主要是为了用户方便地绘制流程图和一些 CorelDRAW X6 为用户设定好的图形，基本形状工具允许操作者从各种形状中进行选择，包括心形、笑脸和直角三角形等，用户只需选择相应的图形，用鼠标拖动即可绘制完成，从而大大地节约了一些特殊图形的绘制时间。

（37）【箭头形状】工具：🔛 箭头形状(A) 用于绘制 CorelDRAW X6 中已预置好的各种形状、方向以及不同端头数的箭头。

（38）【流程图形状】工具：🔣 流程图形状(F) 用于绘制 CorelDRAW X6 中已预置好的流程图符号。

（39）【标题形状】工具：🔖 标题形状(N) 用于绘制 CorelDRAW X6 中已预置好的标题形状。

（40）【标注形状】工具：🔲 标注形状(C) 用于绘制 CorelDRAW X6 中预置好的标注和标签。

（41）【文本】工具：字 文本工具 (F8) （快捷键【F8】）文本在 CorelDRAW X6 中是一种具有特殊属性的图形对象；文本自身的作用和使用方法大致与其他软件的【文本】工具相同，在服装款式图的绘制过程中【文本】工具主要用于将已经输入的文字转换成装饰图案，或为已绘制好的款式图添加标注和说明。

（42）【表格】工具：⊞ **表格工具** 使用表格功能可以创建和导入表格，以提供文本和图形在绘图中的结构布局；可以轻松地对齐表格和单元格、调整它们的大小和对其进行编辑。

（43）【平行度量】工具：✎ **平行度量** 的作用是用于为对象添加任意角度上的距离标注。

（44）【水平或垂直度量】工具：⊤ **水平或垂直度量** 的作用是可以标注出对象的水平距离和垂直距离。

（45）【角度量】工具：↰ **角度量** 的作用是可以准确地度量所有定位的角度。

（46）【线段度量】工具：⊤ **线段度量** 的作用是用于自动捕获图形曲线上两个节点之间线段的距离。

（47）【3 点标注】工具：↰ **3 点标注(3)** 的作用是用于为对象添加折线标注文字。

（48）【直线连接器】工具：⬚ **直线连接器** 允许操作者用线段连接两个对象。

（49）【直角连接器】工具：⬚ **直角连接器** 允许操作者用直角线段连接两个对象。

（50）【直线圆形连接】工具：⬚ **直角圆形连接器** 允许操作者用直角圆形线条连接两个对象。

（51）【编辑锚点】工具：⬚ **编辑锚点** 允许操作者修改连接两个对象的线段锚点。

（52）【调和】工具：⬚ **调和** 【调和】工具是 CorelDRAW X6 的精华所在，可以绘制许多特殊效果，掌握了这些效果的绘制，可以节省大量的绘图时间；【调和】工具可以使两个对象在形状与颜色之间产生过渡。

（53）【轮廓图】工具：◎ **轮廓图** 是类似于地图中地形等高线的同心轮廓线圈的组合；【轮廓图】工具允许操作者为对象应用轮廓图。

（54）【变形】工具：⬚ **变形** 使用该工具时结合工具属性栏的设置可以使图形产生不同的变形效果，如轻松地画出扣眼、波形明线及其他复杂的特殊形状。

（55）【阴影】工具：▢ **阴影** 使用【阴影】工具可以为所绘制的对象增加下拉式阴影，以增加立体感；结合工具属性栏的设置，可以绘制出逼真的阴影效果。

（56）【封套】工具：⬚ **封套** 使用【封套】工具可以为对象（一个或多个）添加封套效果，使对象整体形状随着外封套的变化而变化，在该工具状态下我们可以对封套上的每一个节点进行处理，包括位置和节点的性质（尖凸、平滑、对称）添加或减少节点的操作，在绘制款式图时，可以把已经画好的对象全选或组建群组后进行整体的加宽、收缩、变形等。

《57》【立体化】工具：📦 **立体化** 利用立体化旋转和光源照射功能为对象添加三维效果。

《58》【透明度】工具：♀ **透明度** 这一工具主要通过使对象产生颜色的透明感，来创建特殊的视觉效果，它可以对矢量图以及位图运用透明效果。通过对交互式【透明度】工具属性栏调整的相关设置，可以得到正常的透明效果和花纹以及材质的透明效果；这一工具在为服装图案添加透明处理方面，会产生一种让人意想不到的透明效果。

《59》【颜色滴管】工具：🖋 **颜色滴管** 的作用主要是在画面中找到一种特定的颜色（包括矢量图和位图上），然后再用这一颜色为其他对象的内部或外轮廓进行上色。有了这一工具可以很轻松地将对象上的色彩应用于其他对象上。

《60》【属性滴管】工具：🖋 **属性滴管** 用于复制对象的属性，如填充、轮廓、大小、效果等，然后应用于其他对象。

《61》【轮廓笔】工具：🖋 **轮廓笔** （快捷键【F12】）用于对已选中对象轮廓的色彩、粗细、样式等进行设置，如图2-9所示。

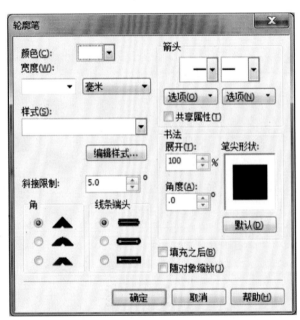

图2-9

《62》【轮廓色】工具：🎨 **轮廓色** **位移+F12** 主要用于精确设置对象轮廓的颜色，如图2-10所示。

《63》【彩色】工具：▦ **彩色(C)** 单击该图标可以打开颜色泊坞窗，该窗口是CorelDRAW X6着色所用的主要工具，虽然在CorelDRAW X6中有调色板，但对于某些特殊的色彩设置不够准确，所以在对款式图着色时，用它可以方便地找到理想的色彩，为

图 2-10

对象进行填充和轮廓上色。它还可以由【填充】工具组中或执行菜单上的【窗口】/【泊坞窗】/【彩色】命令调出来，如图 2-11 所示。

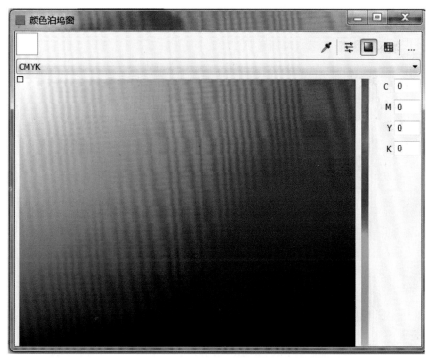

图 2-11

《64》【均匀填充】工具： 均匀填充 位移+F11 使用方法与【颜色】泊坞窗相似，如图 2-12 所示。

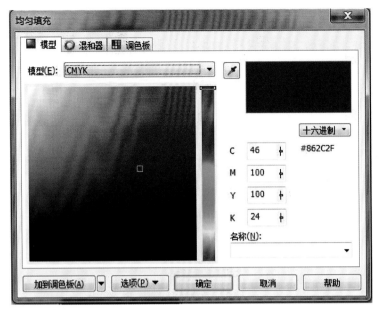

图 2-12

(65)【渐变填充】工具： **渐变填充**（快捷键【F11】）通过这一工具，可以绘制很多颜色渐变效果，可充分表现物体的立体感及光照效果。通过该对话框的设置，用户可以自由编辑渐变的颜色、渐变的角度，也可以直接选用 CorelDRAW X6 预置的渐变效果，如图 2-13 所示。

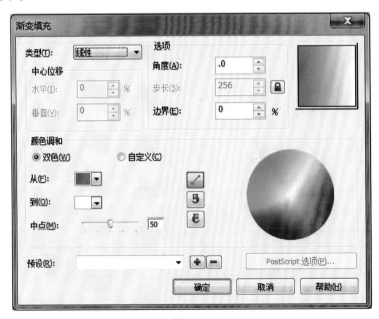

图 2-13

(66)【图样填充】工具： **图样填充** 在 CorelDRAW X6 中，图样的填充有三种类型，即双色、全色、位图图案填充。可选用 CorelDRAW X6 中已有的图案，也可以创建图案，或将已有的面料、辅料通过拍照、扫描等方法导入软件中，为已画好的服装款式进行图案填充，在这一点上，电脑绘制款式图要比手绘方便得多，而且效果更加直观，如图2-14 所示。

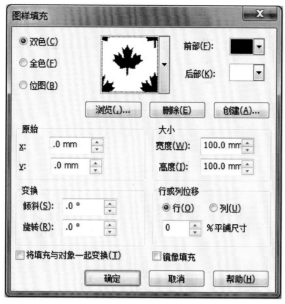

图 2-14

《67》【底纹填充】工具： 底纹填充 作用主要是为对象填充 CorelDRAW X6 中已设置好的一些材质的纹理效果，如图 2-15 所示。

图 2-15

《68》【PostScript 填充】工具：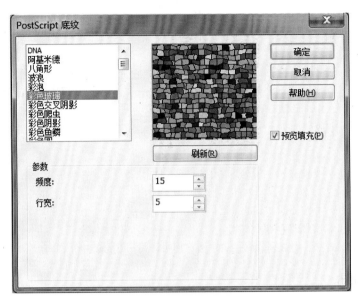 PostScript 填充 是一种非常特殊的图案填充方式，其中有很多效果类似于花布的纹理，但显示时占用的内存空间很大，如图 2-16 所示。

图 2-16

《69》【交互式填充】工具：　交互式填充 类似于【填充】工具组的一个总和。

《70》【网状填充】工具：　网状填充 可应用网格进行上色，效果与在一张湿的水彩纸上上色的效果相似，而且还可以对这些节点进行编辑和移动，创造出一种特殊的立体上色效果。

第三节

CorelDRAW X6 菜单功能介绍

CorelDRAW X6 菜单栏共有 12 项可以展开的下拉菜单，且用 "▶" 表明后面还有子菜单，后面有 "**...**" 表示点击它可以打开一个对话框，菜单后的英文字母是该命令的快捷键，如对应键盘上同时按下【Ctrl】+【N】键可新建一个文档。下面就对菜单的功能作简单的介绍，如图 2-17 所示。

| 文件(F) | 编辑(E) | 视图(V) | 布局(L) | 排列(A) | 效果(C) | 位图(B) | 文本(X) | 表格(T) | 工具(O) | 窗口(W) | 帮助(H) |

图 2-17

一、【文件】菜单

【文件】菜单包括 27 个命令和一个文档信息，涵盖了 CorelDRAW X6 中最常用的打开、保存、导入、导出、打印等功能的操作。它的大部分命令与许多软件中的【文件】菜单的功能是相同的，如图 2-18 所示。

《1》【新建】：单击该命令，可以打开【创建新文档】对话框，在该对话框中设置文档的相关参数，其快捷键为【Ctrl】+【N】，如图 2-19 所示。

《2》【从模板新建】：单击该命令，可以打开模板选择对话框，CorelDRAW X6 提供了许多可供使用的模板图形，可以从中选择合适的模板建立一个新文件，如图 2-20 所示。

《3》【打开】：单击该命令，可以打开一个文件选择对话框，从中选择打开已经存在的文件，对该文件进

图 2-18

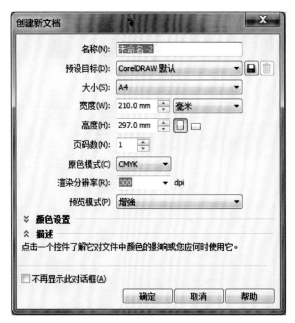

图 2-19

图 2-20

行修改；其快捷键是【Ctrl】+【O】，如图 2-21 所示。

《4》【关闭】：单击该命令，可以关闭当前已打开的文件。

《5》【保存】：单击该命令，可以打开一个文件保存对话框，将当前文件保存在选定的目录下，其快捷键为【Ctrl】+【S】；CorelDRAW X6 软件有一个特点，低版本的软件打不开高版本软件所绘制的图形，所以，如果在 CorelDRAW X6 中绘制的图形，将来要在低版本的软件中打开，在保存图形时要在"版本"下拉菜单中选择"8.0 版"，如图 2-22 所示。

图 2-21

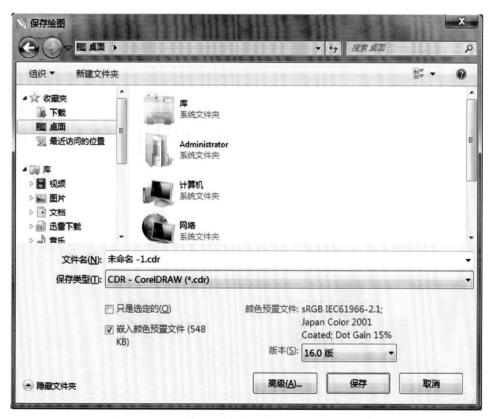

图 2-22

《6》【另存为】：在 CorelDRAW X6 中打开上一次保存的文件进行编辑后，如果直接进行保存，则会覆盖上一次保存的文件，当还不能确定修改是否符合最终要求时，可以使用【另存为】命令（单程击该命令，可以打开一个另存为对话框），将当前文件保存为其他名称，或保存在其他目录下，其快捷键是【Ctrl】+【Shift】+【S】。

《7》【导入】：在 CorelDRAW X6 中位图是不能直接在软件中打开的，如果需要进行位图编辑，可使用【导入】命令（单击该命令，打开【导入】对话框，选择已有的 JPEG 或者其他格式的图片，将其导入到当前文件中，其快捷键是【Ctrl】+【I】），如图 2-23 所示。

图 2-23

《8》【导出】：在其他软件中无法直接打开 CorelDRAW X6 所绘制的 CDR 格式的图形。所以，当需要在其他软件里打开和编辑 CorelDRAW X6 所绘制的图形时，就必须使用【导出】命令（单击该命令，可以打开【导出】对话框），将当前文件的全部或选中的部分图形，导出为 JPEG 或者其他格式的图片文件，并保存在其他目录下，其快捷键是【Ctrl】+【E】，如图 2-24 所示。

《9》【打印】：当我们完成一幅设计作品时，会根据实际情况打印为文稿，需要强调

图 2-24

的是在 CorelDRAW X6 中只有放在绘图区的对象可以被打印，放在工作区的对象是不能被打印的；单击该命令，打开【打印】对话框，将当前文件打印输出，其快捷键是【Ctrl】+【P】。

（10）【打印预览】：单击该命令，可以打开【打印预览】对话框，设置打印的文件，以便能够正确地打印输出。

（11）【打印设置】：单击该命令，可以打开【打印设置】对话框，进行打印属性的设置，包括图形大小、图纸方向、打印位置、分辨率等。

（12）【退出】：单击该命令，可以退出 CorelDRAW X6 应用程序。

二、【编辑】菜单

CorelDRAW X6 中【编辑】菜单提供了像其他软件所共有的功能，如【撤消】【重做】【全选】【复制】【剪切】【粘贴】等功能，还提供了 CorelDRAW X6 中所特有的【再制】

【查找和替换】【插入条形码】【因特网对象】等功能，如图
2-25 所示。

图 2-25

《(1)》【撤消】：可以恢复此前做过的一步操作，连续单击也可以撤销前面若干步操作，以便对错误的操作进行纠正；其快捷键是【Ctrl】+【Z】。

《(2)》【重做】：单击该命令，可以恢复此前撤消的一步操作内容；连续单击也可以恢复若干步操作；其快捷键是【Shift】+【Ctrl】+【Z】。

《(3)》【重复】：单击该命令，可以对选中的某个对象重复此前的操作；其快捷键是【Ctrl】+【R】。

《(4)》【剪切】：单击该命令，可以将选中的对象从当前文件中剪切下来，并存放在剪贴板上；其快捷键是【Ctrl】+【X】。

《(5)》【复制】：单击该命令，可以复制当前文件中选中的对象，并存放在剪贴板上；其快捷键是【Ctrl】+【C】。

《(6)》【粘贴】：单击该命令，可以将通过【剪切】或【复制】存放在剪贴板上的对象贴入当前文件中；其快捷键是【Ctrl】+【V】。

《(7)》【删除】：单击该命令，可以将选中的对象从当前文件中删除；其快捷键是【Delete】。

《(8)》【再制】：单击该命令，可以对选中的对象进行一次再制，即增加一个相同的对象；多次单击可以增加多个相同的对象；其快捷键是【Ctrl】+【D】。

《(9)》【全选】：单击该命令后，可以将当前文件中的所有对象、文本、辅助线、节点全部选中，以便同时进行下一步操作；其快捷键是【Ctrl】+【A】；双击【挑选】工具也可以进行全选。

《(10)》【属性】：单击该命令，可以打开【属性】对话框，通过该对话框可以对选中的对象进行填充、轮廓等项目的操作。

三、【视图】菜单

【视图】菜单的下拉菜单中包括了 CorelDRAW X6 中特有的六种屏幕显示模式及部分作图辅助工具（如标尺、导线、网格等）命令，有了这些工具的帮助，可以在绘图时随意

放大和缩小画面，并能在它的帮助下精确绘制出我们想要的效果，如图 2-26 所示。

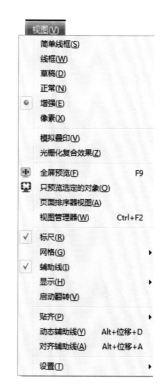

《1》【线框】：单击该命令，则命令前面显示的一个蓝色小圆球，表示当前文件的显示状态处于线框状态，文件中所有已填充的对象，将以线框的状态显示，不再显示填充内容，如图2-27 所示。

《2》【正常】：单击该命令，则命令前面显示的一个蓝色小圆球，表示当前文件的显示状态处于正常状态，文件中所有的对象都将以原有正常状态显示，如图 2-28 所示。

《3》【全屏预览】：单击该命令，即可隐藏屏幕上的菜单栏等使用窗口，只显示工作区域；任意单击鼠标或按任意键，即可取消全屏预览，恢复正常显示状态；其快捷键是【F9】。

《4》【标尺】：在绘图时，为了使图像更加精致，需要对图像的大小、位置、比例进行精确地控制，在 CorelDRAW X6 中

图 2-26

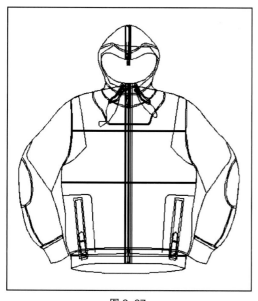

图 2-27

图 2-28

可以借助【标尺】、【网格】、【辅助线】等辅助工具对图像进行精确地控制。而在打印输出的时候，【标尺】、【网格】、【辅助线】是不会被打印出来的。单击该命令，命令前面显示一个"√"，表示该命令处于工作状态，这时界面上显示横向标尺、竖向标尺和原点设置按键；再次单击该命令，命令前面的"√"消失，表示该命令处于非选中状态，界面上不

显示标尺；一般情况下标尺处于选中状态。

（5）【网格】：单击该命令，命令前面显示一个"√"，表示该命令处于选中状态。界面工作区会显示虚线网格，便于绘图时的定位操作。网格的大小、密度是可以设置的。再次单击该命令，命令前面的"√"消失，表示该命令处于非选中状态，网格消失。一般情况下网格处于非选中状态。

（6）【辅助线】：单击该命令，命令前面显示一个"√"，表示该命令处于选中状态，操作者可以从横向标尺拖出水平辅助线，从竖向标尺拖出垂直辅助线。再次单击该命令，命令前面的"√"消失，表示该命令处于非选中状态，辅助线消失，并且不能拖出辅助线。一般情况下辅助线处于选中状态。

四、【布局】菜单

【布局】菜单主要用于设置页面的大小、方向、名称以及插入或删除页面等操作，如图 2-29 所示。

（1）【插入页面】：单击该命令，会打开选项中的【插入页面】对话框；通过该对话框可以对插入页面的数量、方向、前后位置、页面规格等进行设置，确定后即可插入新的页面。

（2）【切换页面方向】：单击该命令，可以在横向页面和竖向页面之间进行切换。

图 2-29

（3）【页面设置】：单击该命令会打开选项中的【页面设置】对话框；通过该对话框可以对当前页面的规格大小、方向、版面等项目进行设置。

（4）【页面背景】：单击该命令，会打开选项中的【页面背景】对话框；通过该对话框可以对当前页面进行无背景、各种底色背景、各种位图背景等设置。

五、【排列】菜单

在 CorelDRAW X6 中【顺序】菜单的主要功能有设置各个对象之间的前后顺序，进行对象变换、修整、临时锁定，将特殊对象转换成曲线以及闭合、开放路径等。其中，排序功能在绘制服装款式图和效果图时作用非常大，运用的频率非常高，因为在默认的情况下 CorelDRAW X6 中先绘制的对象总是处于后绘制的对象下方，如图 2-30 所示。

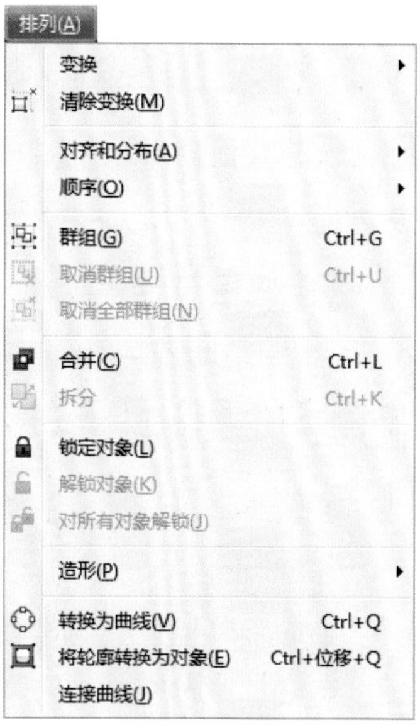

（1）【变换】：单击该项命令，展开一个二级菜单；二级菜单中包括位置、旋转、缩放和镜像、大小、倾斜五个命令；单击某个命令，可以打开其泊坞窗，这些命令都包含在这个泊坞窗中；通过该泊坞窗，可以对已经选中的图像进行位置、旋转、缩放和镜像、大小、倾斜五种属性的变换。

（2）【清除变换】：单击该命令，可以清除已经进行的变换。

（3）【对齐和分布】：单击该命令，可以展开一个二级菜单；通过二级菜单中的命令，可以将选中的一个或一组对象进行上述菜单中的对齐操作。

图 2-30

（4）【顺序】：单击该命令，可以展开一个二级菜单；通过二级菜单中的命令，可以将选中的一个或一组对象进行前后位置的调整。

（5）【群组】：指将多个对象组合成一个整体；单击该命令，可以将选中的两个及两个以上对象组合为一组对象，便于同时移动、填充等操作；其快捷键是【Ctrl】+【G】。

（6）【取消群组】：单击该命令，可以将选中对象的群组取消，变为单个对象；其快捷键是【Ctrl】+【U】。

（7）【取消全部群组】：单击该命令，可以将文件中的所有群组全部取消。

（8）【合并】：指将多个对象组合成一个对象；单击该命令，可以将选中的两个或两个以上的对象结合为一个对象，同时该对象变为曲线，可用其进行造型编辑；其快捷键是【Ctrl】+【L】。

（9）【拆分】：单击该命令，可以将选中的通过结合形成的对象分离为多个对象；其快捷键是【Ctrl】+【K】。

（10）【锁定对象】：可以防止无意中移动、调整、变换、填充或以其他方式更改对象；可以锁定单个、多个或群组的对象；要更改锁定的对象，必须先解除锁定；可以一次解除一个锁定的对象，也可以同时解除所有锁定的对象。

（11）【解除锁定对象】：单击该命令，可以将选中的已经锁定的对象锁定属性取消，恢复对其进行编辑操作。

（12）【解除锁定全部对象】：单击该命令，可以将当前文件中的所有锁定对象解除锁定，恢复对所有对象进行编辑操作。

（13）【造型】：单击该命令，可以展开一个二级菜单；通过二级菜单中的命令，可以对选中的对象进行【合并】、【修剪】、【相交】等操作。

　　①【合并】：可以将多个对象创建为具有单一轮廓的对象；不管对象之间是否相互重叠，都可以将它们焊接起来；如果焊接不重叠的对象，则它们形成单一对象作用的焊接群组；在上述两种情况下，焊接的对象都采用目标对象的填充和轮廓属性，如图 2-31 所示。

　　②【修剪】：是通过移除两个或者多个对象重叠的区域来创建新的形状；几乎可以修剪任何对象，但是不能修剪段落文本，如图 2-31 所示。

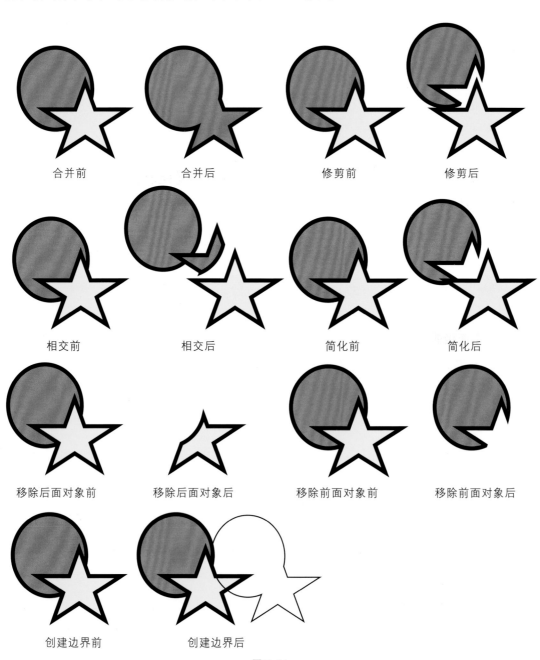

图 2-31

③【相交】：是从两个或多个对象重叠的区域创建新的对象；这个新对象的形状可以是简单的，也可以是复杂的，具体依交叉的形状而定；新建对象的填充和轮廓属性取决于定义为目标对象的那个对象，如图 2-31 所示。

④【简化】：该功能可以减去两个或者多个重叠对象的相交部分，并保留原始对象。如图 2-31 所示。

⑤【移除后面的对象】：选择多个重叠对象后，单击该命令，不仅可以减去最上层对象下的所有图形对象，还能减去下层对象与上层对象的重叠部分，而只保留最上层对象中剩余的部分。如图 2-31 所示。

⑥【移除前面的对象】：该命令与【移除后面的对象】命令的功能相反，如图 2-31 所示。

⑦【边界】：选择多个重叠对象后，单击该命令，将会在所有对象外生成一个单独的轮廓，如图 2-31 所示。

（14）【转换为曲线】：单击该命令，可以利用它将使用【矩形】工具、【椭圆】工具、【文本】工具等绘制的图形或者文本转换为曲线图形，而后就可以对其进行造型编辑了。

（15）【将轮廓转换为对象】：单击该命令，可以将轮廓转换为封闭的对象，如图 2-32 所示。

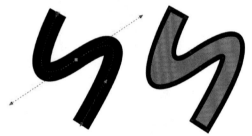

将轮廓转换为对象前　　将轮廓转换为对象后

图 2-32

（16）【连接曲线】：单击该命令，可以展开一个二级菜单；通过二级菜单中的命令，可以将选中的对象由开放路径变为闭合路径。

六、【效果】菜单

【效果】菜单提供了对对象进行色彩【调整】、【图框精确剪裁】、【立体化】、【封套】、【调和】等功能，而且还提供了将对象上的某些特殊效果克隆到其他对象上的功能，可以大大提高绘制服装款式图和效果图的工作效率，如图 2-33 所示。

（1）【调整】：单击该命令，可以打开一

图 2-33

个二级菜单。在 CorelDRAW X6 中我们可以对位图和矢量图的色彩进行调整或变换，当图形对象是矢量图时，二级菜单只有四项是高亮显示，表示可以对图形对象进行亮度 / 对比度 / 强度、颜色平衡、色度 / 饱和度 / 光度等操作；将矢量图对象转换为位图格式后，其他灰色显示的项目变为高亮显示，表示可以对其他项目进行操作。

（2）【变换】：单击该命令，可以打开一个二级菜单。在 CorelDRAW X6 中我们可以对位图和矢量图的色彩进行变换，当图形对象是矢量图时，二级菜单只有两项是高亮显示，表示可以对图形对象进行反显和极色化操作；将矢量图对象转换为位图格式后，灰色项目变为高亮显示，表示可以对其进行交错操作。如图 2-34 所示。

| 正常 | 反显 | 极色化 |

图 2-34

（3）【艺术笔】：单击该命令，可以打开一个对话框，如图 2-35 所示。可以在打开的对话框中选择不同的艺术笔触。

（4）【轮廓图】：单击该命令，可以打开一个对话框，如图 2-36 所示。

可以通过对话框为一个或一组对象添加轮廓，并且可以选择"向内""向外"或"向中心"添、加，还可以控制和添加轮廓的距离和数量；该命令还可以在【工具箱】中的【交互式工具组】中找到。

（5）【调和】：单击该命令，可以打开一个对话框。可以通过对话框为两个或多个对象添加调和效果，并且可以控制调和的距离和数量；该命令还可以在【工具箱】中的【交互式工具组】中找到；CorelDRAW X6 还允许从图框精确剪裁对象提取内容，以便在不影响容器的情况下删除或修改内容，如图 2-37 所示。

图 2-35　　　　　　　图 2-36　　　　　　　图 2-37

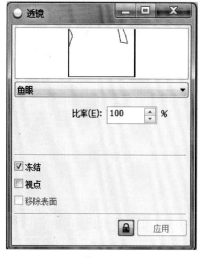

图 2-38

《6》【透镜】：单击该命令，可以打开一个对话框。可以通过对话框对一个已经填充色彩的对象进行透明度的设置；当透明度为 100% 时，对象是全透明的，对象等同于无填充；当透明度为 0 时，对象是不透明的，完全看不见下面的对象；当透明度处于 0 ~ 100% 时，随着数值的变化，透明度发生不同变化，如图 2-38 所示。

《7》【立体化】：单击该命令，可以打开一个对话框，可以通过对话框为对象添加立体化效果，使对象具有三维效果；还可以创建矢量立体模型，CorelDRAW X6 允许将矢量立体模型应用于群组中的对象，如图 2-39 所示。

《8》【图框精确剪裁】：CorelDRAW X6 中允许在矢量对象的轮廓内放置矢量对象和位图对象；容器可以是任何对象，例如美术字或矩形；将对象放到比该容器大的容器中时，对象就会被裁剪以适合容器的形状，这样就创建了图框精确剪裁对象；创建图框精确剪裁对象后，可以修改内容和容器，如图 2-40 所示。

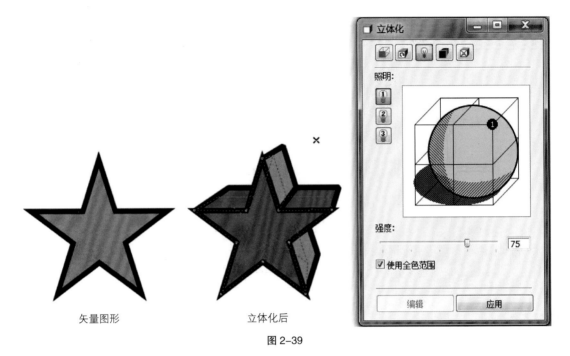

矢量图形　　　　　　　立体化后

图 2-39

图框精确裁剪前

图框精确裁剪后

图 2-40

七、【位图】菜单

CorelDRAW X6 虽然是一款矢量图绘制软件，但它处理位图的能力也毫不逊色。CorelDRAW X6 提供了像 AdobePhotoshop 中滤镜一样的图片处理命令，对于服装设计来说，完全可以在 CorelDRAW X6 中做完所有的图片处理和款式图绘制工作；但由于人们的使用习惯，CorelDRAW X6 中位图的处理功能往往被很多设计师所忽视，而实际上在 CorelDRAW X6 位图处理功能中有很多是其特有的，如果利用得当，将能创造出许多让人耳目一新的效果，如图 2-41 所示。

《1》【转换为位图】：单击该命令，可以打开一个对话框，通过该对话框可以设置位图的颜色模式、分辨率等，单击"确定"按钮即可将一个矢量图转换为位图；只有将矢量图转换成位图后，位图菜单下的功能才能起作用。

《2》【快速描摹】、【中心线描摹】、【轮廓描摹】：单击这些命令，可以打开子菜单，通过子菜单命令可以轻松地将位图转换为矢量图，为了方便读者理解，下面把描摹位图的各种效果展示如下，如图 2-42 所示。

图 2-41

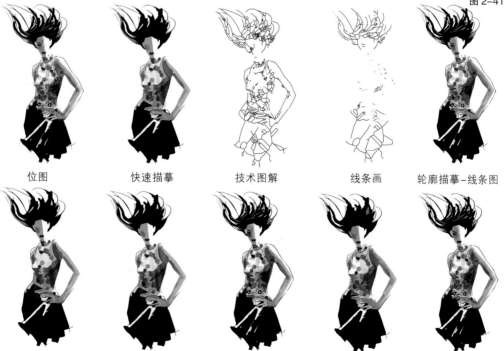

| 位图 | 快速描摹 | 技术图解 | 线条画 | 轮廓描摹-线条图 |

| 轮廓描摹-徽标 | 轮廓描摹-详细徽标 | 轮廓描摹-剪贴画 | 轮廓描摹-低品质图像 | 轮廓描摹-高品质图像 |

图 2-42

（3）【模式】：在对位图的颜色模式进行更改后，图像就会显示出相应模式下图像的效果；不同的颜色模式的色域会有所不同，如图 2-43 所示。

① 黑白：只有黑、白两个色的颜色模式。

② 灰度：由 256 级别的灰度阴影来形成的颜色模式。

③ 双色：混合两个以上色调的颜色模式。

④ 调色板：更改图像的 8 位位图模式。

⑤ RGB 颜色：转换为 RGB 颜色模式。

⑥ Lab 颜色：转换为 Lab 颜色模式。

⑦ CMYK 颜色：转换为 CMYK 颜色模式。

黑白（1位）　　　　灰度（8位）

双色（8位）　　调色板（8位）　　RGB颜色（24位）　　LAD色（24位）　　CMYK色（32位）

图 2-43

（4）【滤镜】：在 CorelDRAW X6 中，有十大类位图处理滤镜，每一种滤镜又提供多种细分的滤镜效果，为用户对图像设置滤镜效果提供了极大的方便。为了方便读者理解，下面把十大类位图处理滤镜效果展示如下，如图 2-44 ～图 2-53 所示。

三维效果-三维旋转　　三维效果-柱面

三维效果-浮雕　　三维效果-卷页　　三维效果-透视　　三维效果-挤远/挤进　　三维效果-球面

图 2-44

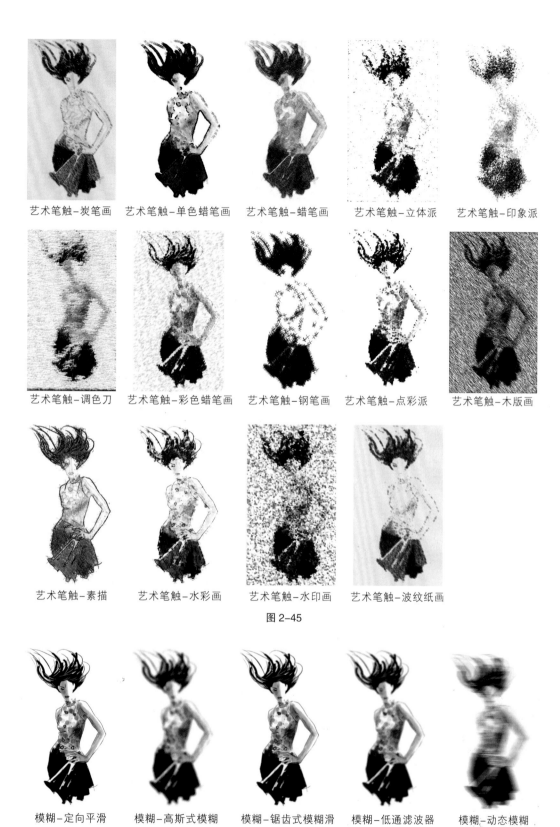

艺术笔触–炭笔画　　艺术笔触–单色蜡笔画　　艺术笔触–蜡笔画　　艺术笔触–立体派　　艺术笔触–印象派

艺术笔触–调色刀　　艺术笔触–彩色蜡笔画　　艺术笔触–钢笔画　　艺术笔触–点彩派　　艺术笔触–木版画

艺术笔触–素描　　艺术笔触–水彩画　　艺术笔触–水印画　　艺术笔触–波纹纸画

图 2–45

模糊–定向平滑　　模糊–高斯式模糊　　模糊–锯齿式模糊滑　　模糊–低通滤波器　　模糊–动态模糊

模糊–放射式模糊　　模糊–平滑　　模糊–柔和　　模糊–缩放　　相机–扩散

图 2-46　　　　　　　　　　　　　　　　　　　图 2-47

颜色转换–位平面　　颜色转换–半色调　　颜色转换–梦幻色调　　颜色转换–曝光

图 2-48

轮廓图–边缘检测　　轮廓图–查找检测　　轮廓图–描摹轮廓

图 2-49

  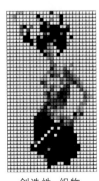  

创造性–工艺　　创造性–晶体化　　创造性–织物　　创造性–框架　　创造性–玻璃砖

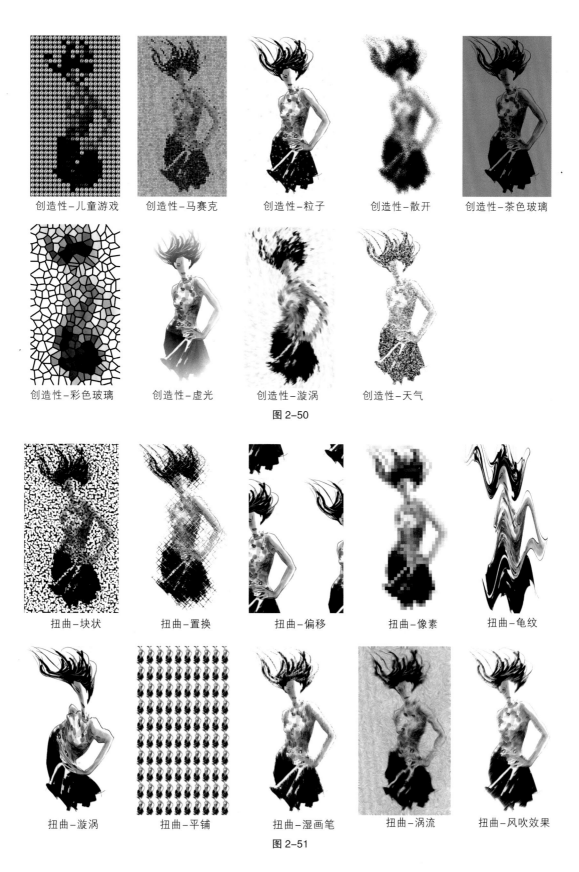

创造性-儿童游戏　　创造性-马赛克　　创造性-粒子　　创造性-散开　　创造性-茶色玻璃

创造性-彩色玻璃　　创造性-虚光　　创造性-漩涡　　创造性-天气

图 2-50

扭曲-块状　　扭曲-置换　　扭曲-偏移　　扭曲-像素　　扭曲-龟纹

扭曲-漩涡　　扭曲-平铺　　扭曲-湿画笔　　扭曲-涡流　　扭曲-风吹效果

图 2-51

杂点–添加杂点　　　　杂点–最大值　　　　杂点–中值　　　　杂点–最小

杂点–去除龟纹　　　　杂点–去除杂点

图 2-52

鲜明化–适应非鲜明化　鲜明化–定向柔化　鲜明化–高斯滤波器　鲜明化–鲜明化　鲜明化–非鲜明化遮罩

图 2-53

八、【文本】菜单

　　【文本】菜单的功能主要是创建编辑美工文本和段落文本，在 CorelDRAW X6 中，可以轻松地在文档中输入文本，并可以把一些文本作为图案运用到设计中去，如图 2-54 所示。

　　【使文本适合路径】：单击该命令，可以将一组或一个文本字符按目标路径排列，如图 2-55 所示。

九、【表格】菜单

【表格】菜单的功能主要是创建编辑表格，使用方法非常简单，同常用的办公软件 Microsoft Office Excel 基本一致，这里不做详细介绍，如图 2-56 所示。

十、【工具】菜单

《1》【工具】菜单用于对 CorelDRAW X6 所有的工具进行管理和设置，其中包括【对象编辑器】、【链接管理器】、【颜色样式】、【运行脚本】等，如图 2-57 所示。

《2》【选项】：单击该命令，打开其对话框，可以对其中所有项目属性重新进行默认设置，以符合使用要求，如图 2-58 所示。

图 2-55

图 2-54

图 2-56

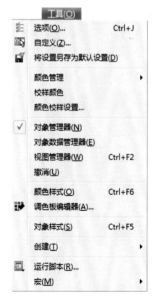

图 2-57

图 2-58

十一、【窗口】菜单

CorelDRAW X6 中的【窗口】菜单和其他软件的【窗口】菜单一样提供了窗口的显示方法，如横向并排、纵向排列、层叠（为了方便绘图者的空间作图 CorelDRAW X6 默认为一个文档布满整个桌面）以及各个工具栏、泊坞窗的显示与隐藏等功能，如图 2-59 所示。

十二、【帮助】菜单

在 CorelDRAW X6 中【帮助】菜单主要提供了 CorelDRAW X6 中各项功能的使用信息，以及关于 Corel 公司介绍网站链接等，如图 2-60 所示。

图 2-59

图 2-60

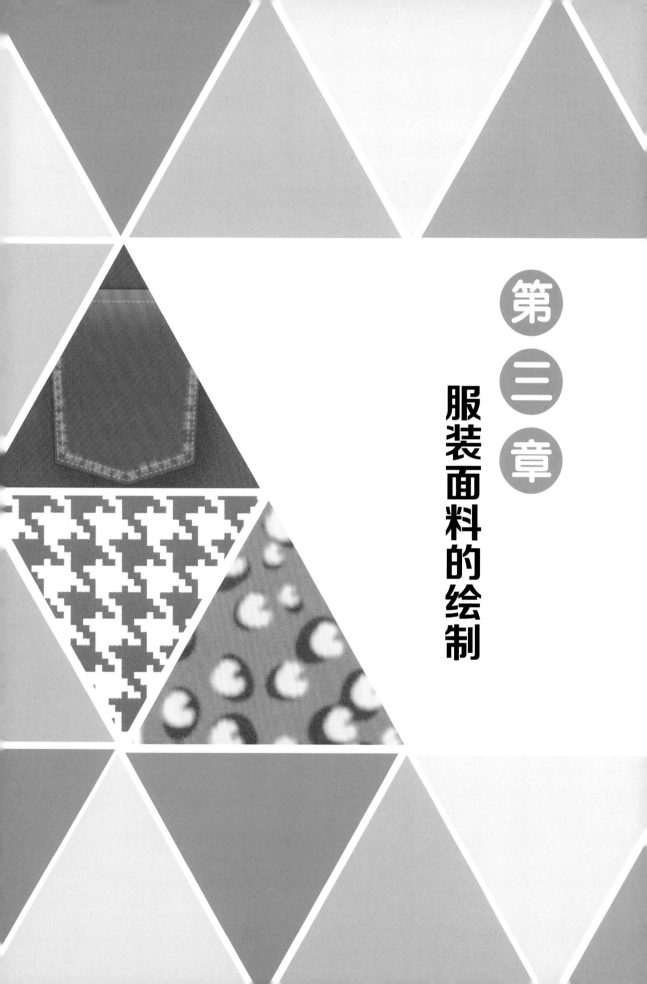

第三章

服装面料的绘制

第一节

千鸟格纹面料的绘制

千鸟格纹面料绘制最终完成效果如图 3-1 所示。

千鸟格纹面料绘制步骤如下：

《1》单击标准工具栏上的【新建】图标，打开【对话框】，设置【名称】为千鸟格纹面料，【大小】为 A4，【渲染分辨率】为 300dpi，单击【确定】，新建空白文件，效果如图 3-2 所示。

《2》选择工具箱中的【图纸】工具，将工具属性栏上的【列数和行数】设置为列数 8、行数 8，效果如图 3-3 所示。

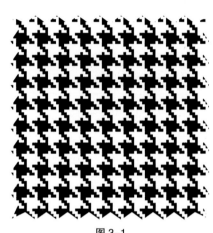

图 3-1

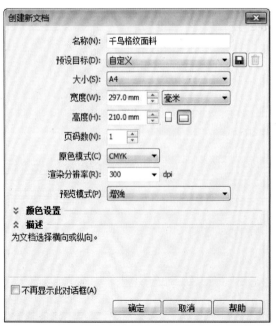

图 3-2

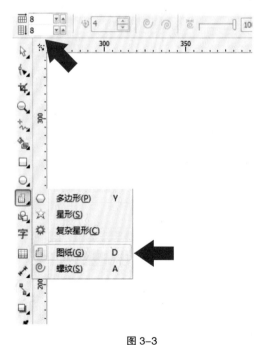

图 3-3

（3）按下键盘上的【Ctrl】键，单击鼠标左键在页面空白处拖拉绘制正方形网格，选择工具箱中的【选择】工具选中网格，将工具属性栏上的【对象大小】设置为宽度30mm、高度30mm。单击工具属性栏【取消全部群组】图标，解散网格的群组，效果如图3-4所示。

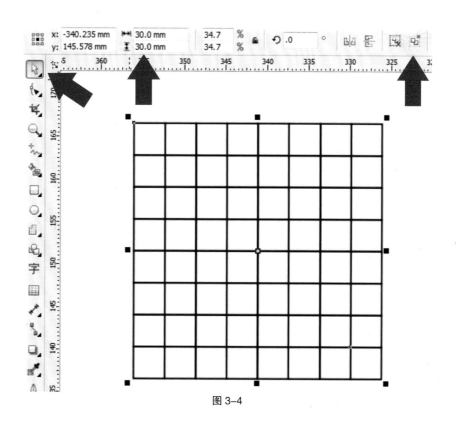

图3-4

（4）选择工具箱中的【选择】工具选中相应的解散后的正方形，鼠标左键单击调色板中的"黑色"（C：0、M：0、Y：0、K：100）为其上色。重复上步操作，参照图3-5所示为相应的正方形填色。

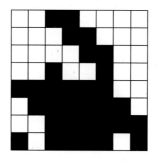

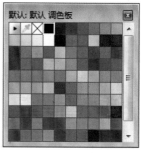

图3-5

（5）选择工具箱中的【选择】工具选中相应的正方形，按下键盘上的【Delete】键，分别删除相应的正方形，效果如图3-6所示。

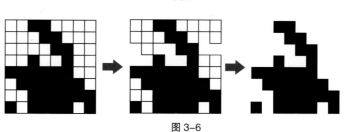

图3-6

《6》鼠标左键在标准工具栏中的【导出】图标上单击，打开【导出】对话框，选择相应的位置将对象导出为 JPEG 格式的位图，设置位图【分辨率】为 200dpi，效果如图 3-7、图 3-8 所示。

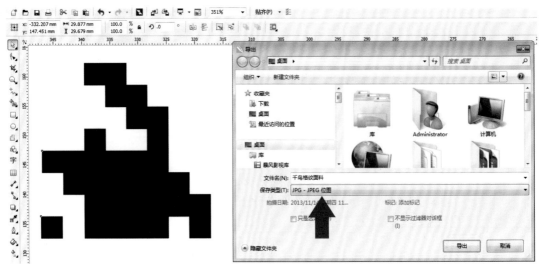

图 3-7

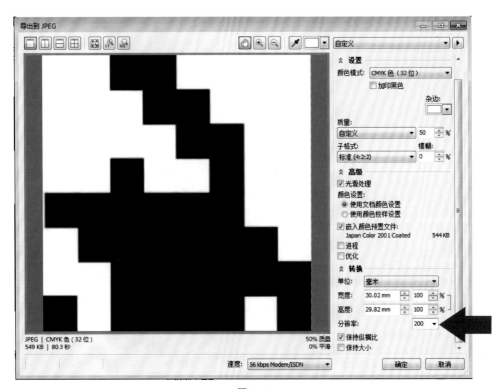

图 3-8

《7》选择工具箱中的【矩形】工具，按下键盘上的【Ctrl】键，在页面空白处拖拉绘制一个正方形，在工具属性栏上设置【对象大小】：宽度为150mm，高度为150mm。在矩形处于选中的情况下，选择工具箱中的【变形】工具，设置工具属性栏相关命令：按下【拉链变形】图标，【拉链振幅】设置为10,【拉链频率】设置为20，按下键盘上的【Enter】键，确认矩形的变形，效果如图3-9所示。

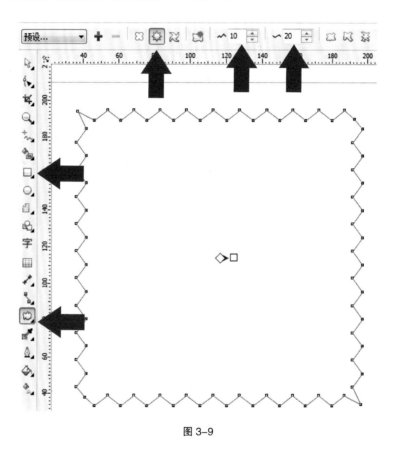

图3-9

《8》选择工具箱中的【选择】工具选中变形后的矩形，选择工具箱中的【图样填充】工具，打开【图样填充】对话框，单击选中【双色】，单击【浏览】图标，选中步骤（7）保存的位图，单击【导入】命令，将位图导入【图样填充】对话框，效果如图3-10所示。

《9》设置【图样填充】对话框中【大小】/【宽度】为10mm，【高度】为10mm，单击【确定】图标，确认对对象的图样填充。在对象处于选中的情况下，鼠标右键单击调色板上方的"X"形方框，将对象的轮廓线设置为无色，完成鸟格纹面料绘制。效果如图3-11所示。

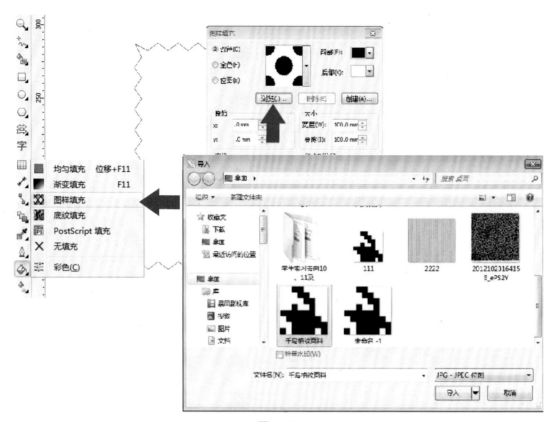

图 3-10

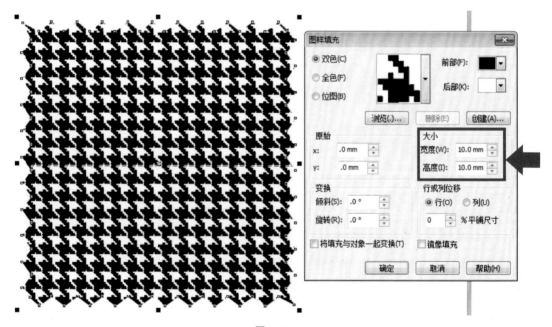

图 3-11

第二节

皮革面料的绘制

皮革面料绘制最终完成效果如图3-12所示。

皮革面料绘制步骤如下：

（1）执行菜单栏上的【布局】/【页面颜色】命令，打开【选项】对话框，参照图3-13所示把页面设置为灰色。

（2）选择工具箱中的【矩形】工具，按下键盘上的【Ctrl】键，在页面空白处单击拖拉绘制一个矩形，在工具属性栏上设置矩形的【对象大小】：宽

图3-12

图3-13

度为120mm，高度为120mm。鼠标左键单击调色板上的黑色，鼠标右键单击调色板上方的"X"形方框（作用：把轮廓颜色设置为无），将矩形内部填充为黑色，去除其轮廓色，效果如图3-14所示。

《3》选择工具箱中的【多边形】工具，设置工具属性栏上的【对象大小】：宽度为4mm，高度为4mm，【点数或边数】为7，按下键盘上的【Ctrl】键，在页面空白处单击拖拉绘制一个正七边形，鼠标右键单击调色板上的白色，把正七边形的轮廓设置为白色，效果如图3-15所示。

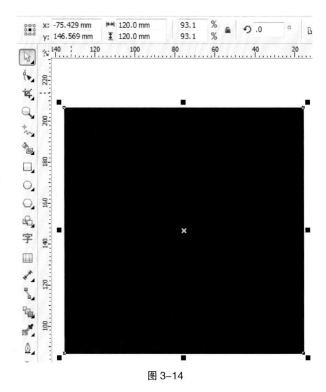

图3-14

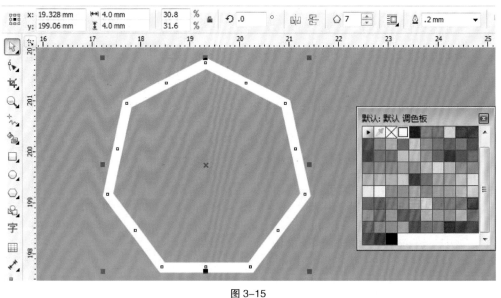

图3-15

《4》步骤一：按下键盘上的【Ctrl】键，在正七边形按下鼠标左键，不松开鼠标左键，拖拉鼠标到合适位置，单击鼠标右键，释放鼠标左键，在水平位置上复制该图形，效果如图3-16所示。

步骤二：选择工具箱中的【调和】工具，在第一个正七边形上按下鼠标左键拖拉至第二个正七边形，释放鼠标，设置工具属性栏【调和对象】的步长数为25，按下键盘上的

【Enter】键，确认对象之间的调和，效果如图 3-16 所示。

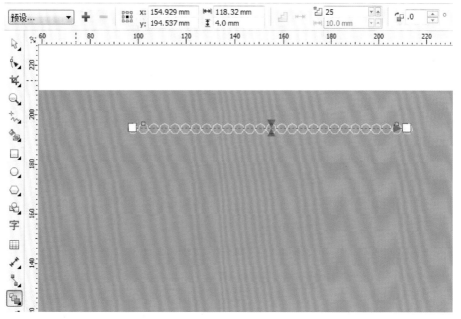

图 3-16

《5》按下键盘上的【Ctrl】键，在第一组正七边形按下鼠标左键，不松开鼠标左键，向下拖拉鼠标到合适位置，单击鼠标左键，释放鼠标右键，在垂直位置上复制该组图形，然后多次按下键盘上的【Ctrl】+【R】键，多次重复上步操作。框选该组正七边形，执行菜单栏上的【效果】/【图框精确裁剪】/【置于图文框内部】命令，当光标变为大的黑色向右方向键时，在矩形图形上单击，将该组正七边形填入矩形图形中，效果如图 3-17 所示。

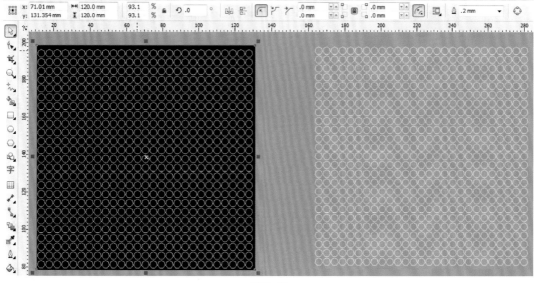

图 3-17

《6》选择工具箱中的【贝塞尔】工具，在页面中绘制一条任意曲线，鼠标右键单击调色板上的白色，把该曲线轮廓线设置为白色，效果如图 3-18 所示。

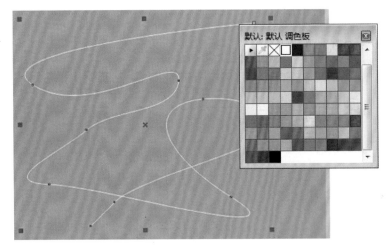

图 3-18

《7》选中上步绘制的任意曲线，按下鼠标左键，不松开鼠标左键，拖拉该曲线到合适位置，单击鼠标右键，释放鼠标左键，复制该任意曲线图形，在任意曲线中心控制点上再次单击，适度调整其角度，多次重复上步操作，复制任意曲线若干。框选该组任意曲线，执行菜单栏上的【效果】/【图框精确裁剪】/【置于图文框内部】命令，当光标变为大的黑色向右方向键时，在矩形图形上单击，将该组任意曲线填入矩形图形中，效果如图 3-19 所示。

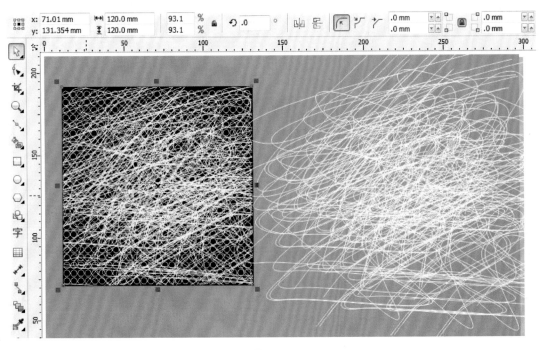

图 3-19

《8》选中矩形图形，执行菜单栏上的【位图】/【转换为位图】命令，打开【转换为位图】对话框，设置【分辨率】为150dpi，单击【确定】图标确认操作，效果如图3-20所示。

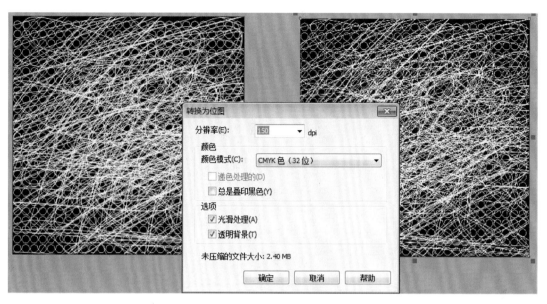

图 3-20

《9》选中上步绘制图形，执行菜单栏上的【位图】/【三维效果】/【浮雕】命令，打开【浮雕】对话框，设置【深度】为4，【层次】为300左右，【方向】为45度，【浮雕色】为灰色，单击【确定】图标确认操作，效果如图3-21所示。

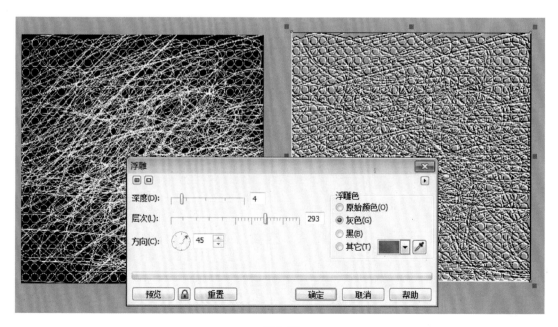

图 3-21

（10）选中上步绘制图形，执行菜单栏上的【效果】/【调整】/【色彩平衡】命令，打开【色彩平衡】对话框，勾选【范围】下方的【阴影】、【中间色调】、【高光】、【保持亮度】，设置【颜色通道】下方的【青－红】为100、【品红－绿】为–100、【黄－蓝】为–100，单击【确定】图标确认操作，效果如图3-22所示。

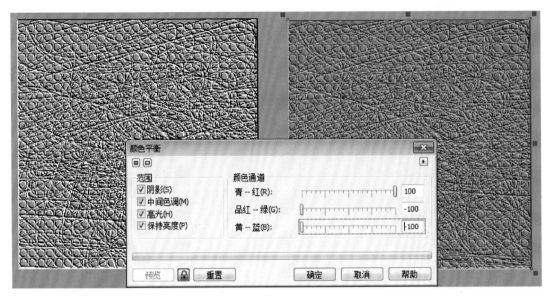

图 3-22

（11）选中上步绘制图形，执行菜单栏上的【效果】/【调整】/【亮度/对比度/强度】命令，打开【亮度/对比度/强度】对话框，设置【亮度】为–80左右、【对比度】为0、【强度】为50，单击【确定】图标确认操作，效果如图3-23所示。

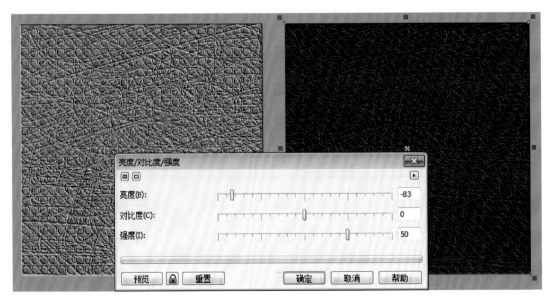

图 3-23

《12》选中上步绘制图形，执行菜单栏上的【位图】/【模糊】/【锯齿状模糊】命令，打开【锯齿状模糊】对话框，设置【宽度】为4、【高度】为4，单击【确定】图标确认操作，完成皮革面料的绘制，如图3-24所示。

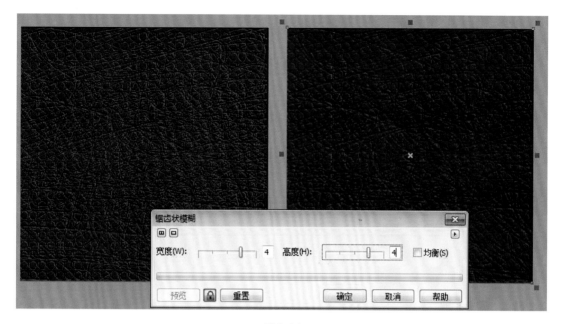

图 3-24

第三节
裘皮面料的绘制

裘皮面料绘制最终完成效果如图 3-25 所示。

裘皮面料绘制步骤如下：

（1）选择工具箱中的【矩形】工具，按下键盘上的【Ctrl】键，在页面空白处单击拖拉绘制一个矩形，在工具属性栏上设置矩形的【对象大小】为：宽度 120mm、高度 120mm。鼠标左键单击调色板上的"赭石色"（C：0、M：60、Y：60、K：40），鼠标右键单击调色板上方的"X"形方框（作用：把轮廓颜色设置为无），效果如图 3-26 所示。

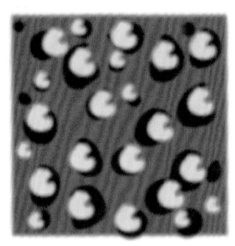

图 3-25

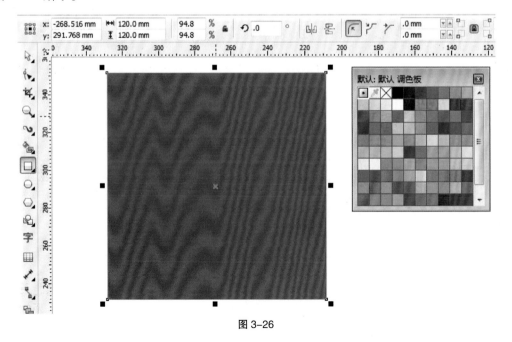

图 3-26

（2）选择工具箱中的【艺术笔】工具，结合工具属性栏相关设置，选择一种相应的笔刷绘制图案，效果如图 3-27 所示。

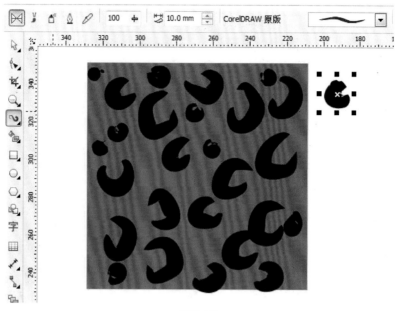

图 3-27

（3）同上述方法，结合工具属性栏相关设置，选择一种相应的笔刷继续绘制图案，待图案绘制完成后，选中这些笔刷，鼠标左键单击调色板上的"柠檬黄色"（C：0、M：0、Y：100、K：0），为选中笔刷上色，效果如图 3-28 所示。

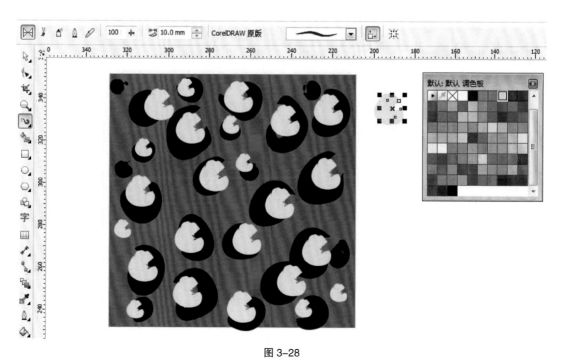

图 3-28

《4》 框选选中上步绘制图形，执行菜单栏上的【位图】/【转换为位图】命令，打开【转换为位图】对话框，设置【分辨率】为 150dpi，单击【确定】图标确认操作，效果如图 3-29 所示。

图 3-29

《5》 选中上步绘制图形，执行菜单栏上的【位图】/【模糊】/【高斯式模糊】命令，打开【高斯式模糊】对话框，设置【半径】为 6，单击【确定】图标确认操作，效果如图 3-30 所示。

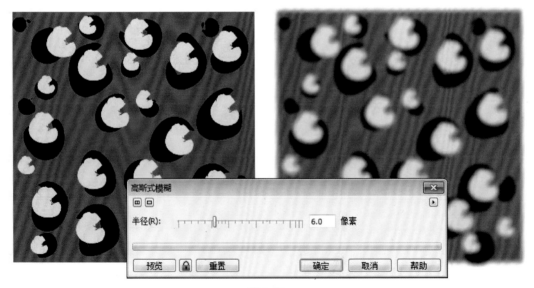

图 3-30

（6）选中上步绘制图形，执行菜单栏上的【位图】/【扭曲】/【涡流】命令，打开【涡流】对话框，设置【间距】为200，【擦拭长度】为3，【条纹细节】为15，【扭曲】为90，单击【确定】图标确认操作，完成裘皮面料的绘制，效果如图3-31所示。

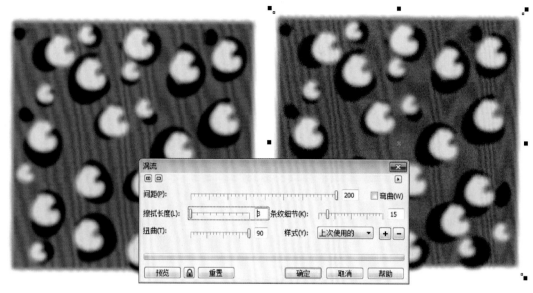

图 3-31

第四节

牛仔面料的绘制

牛仔面料绘制最终完成效果如图 3-32 所示。

牛仔面料绘制步骤如下：

（1）选择工具箱中的【矩形】工具，按下键盘上的【Ctrl】键，在页面空白处单击拖拉绘制一个矩形，在工具属性栏上设置矩形的【对象大小】为：宽度 250mm、高度 250mm。鼠标左键单击调色板上的"深蓝色"（C：100、M：100、Y：0、K：0），鼠标右键单击调色板上方的"X"形方框（作用：把轮廓颜色设置为无），效果如图 3-33 所示。

图 3-32

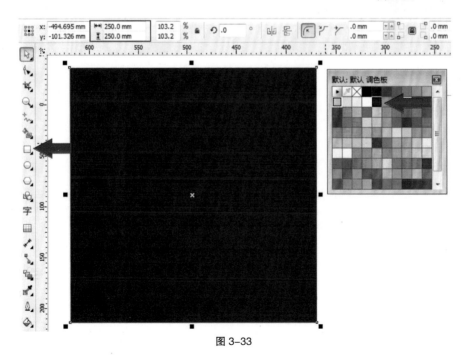

图 3-33

（2）选中上步绘制图形，执行菜单栏上的【位图】/【转换为位图】命令，打开【转换为位图】对话框，设置【分辨率】为200dpi，单击【确定】图标确认操作，效果如图3-34所示。

图3-34

（3）选中上步绘制图形，执行菜单栏上的【位图】/【创造性】/【织物】命令，打开【织物】对话框，设置【样式】为丝带，【大小】为5，【完成】为100，【亮度】为1，【旋转】为45度，单击【确定】图标确认操作，效果如图3-35所示。

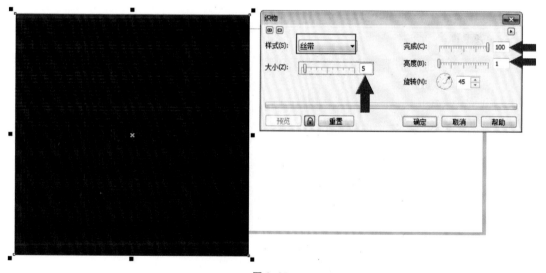

图3-35

（4）选中上步绘制图形，执行菜单栏上的【排列】/【变换】/【旋转】命令，打开【变换】对话框，设置【旋转角度】为45度，单击【应用】图标确认操作，效果如图3-36所示。

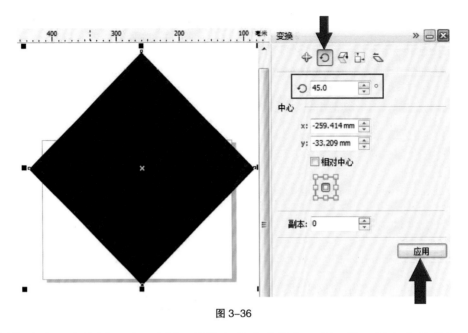

图 3-36

（5）选中上步绘制图形，选择工具箱中的【裁剪】工具，按下键盘上的【Ctrl】键，单击旋转后的对象拖拉绘制成一个矩形，在该矩形中心双击，确认对对象的修剪，效果如图 3-37 所示。

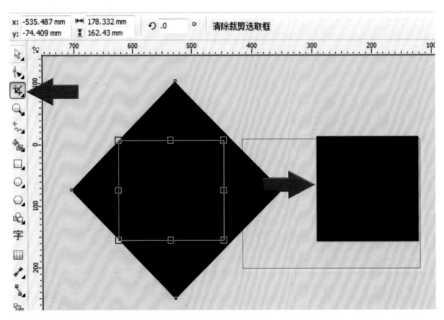

图 3-37

（6）分别选择工具箱中的【贝塞尔】和【矩形】工具，在相应的位置绘制三条垂线和一个矩形。选择工具箱中的【选择】工具，选中上步绘制的矩形，按下键盘上的【Ctrl】+【Q】键，将矩形转换为正常曲线。选择工具箱中的【形状】工具，结合工具属性栏相关命令，调整该矩形到需要的形状，效果如图 3-38 所示。

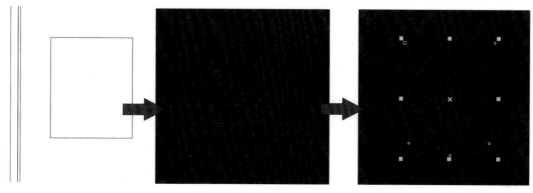

图 3-38

《7》绘制贴袋上的缉明线：

步骤一：选择工具箱中的【选择】工具，选中上步绘制的贴袋图形，按下键盘上的【Shift】键，将鼠标光标放置于对象四个边角控制点的任意一个控制点，当光标变为"X"形时，按下鼠标左键向内拖拉，当内部出现一个蓝色轮廓的同心图形时，在不松开鼠标左键的情况下，单击鼠标右键，释放鼠标左键，同心复制该图形。重复上步操作继续复制该图形，效果如图 3-39 所示。

步骤二：选择工具箱中的【形状】工具，选中上步复制的同心贴袋图形，选中左上部节点，执行工具属性栏上的【断开曲线】命令，选中右上部节点，执行工具属性栏上的【断开曲线】命令，执行工具属性栏上的【提取子路径】命令，将分割后的线段分离，同上方法提取另一条直线，效果如图 3-39 所示。

步骤三：选择工具箱中的【选择】工具，选中上步提取的两条直线，放置于合适的位置，适度调整其长短，效果如图 3-39 所示。

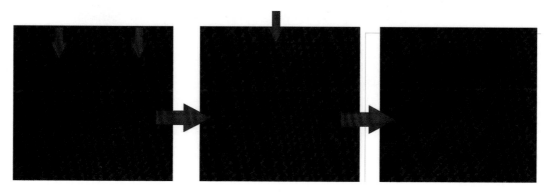

图 3-39

《8》选择工具箱中的【选择】工具，按下键盘上的【Shift】键，鼠标左键分别在需要改变样式的线条对象上单击，加选这些线条。按下键盘上的【F12】键，打开【轮廓笔】

对话框，设置【颜色】为薄荷绿，【宽度】为 0.75mm，【样式】为虚线，单击【确定】图标确认操作，效果如图 3-40 所示。

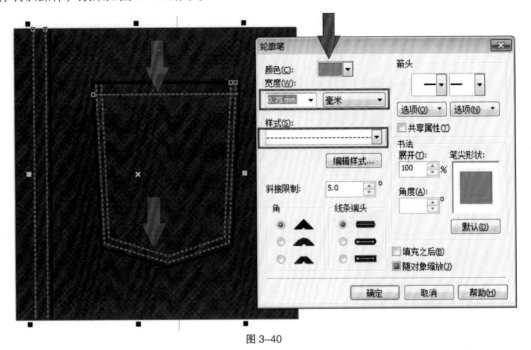

图 3-40

《9》选择工具箱中的【文本】工具，在相应的位置输入一个大写的"Z"字，设置字体与字号，效果如图 3-41 所示。

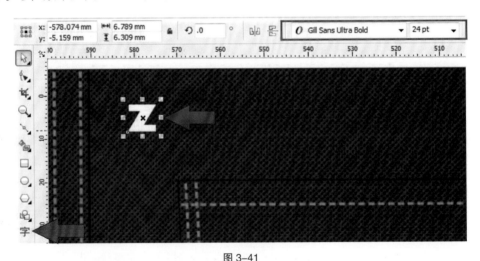

图 3-41

《10》在该字母处于选中的情况下，执行菜单栏中的【位图】/【转换为位图】命令，打开【转换为位图】对话框，设置【分辨率】为 150dpi，单击【确定】图标确认操作，效果如图 3-42 所示。

图 3-42

（⑾）在该文字图形处于选中的情况下，执行菜单栏上的【位图】/【模糊】/【高斯模糊】命令，打开【高斯模糊】对话框，设置【半径】为 5.0 像素，单击【确定】图标确认操作，效果如图 3-43 所示。

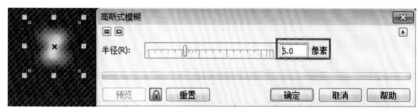

图 3-43

（⑿）在该文字图形处于选中的情况下，选择工具箱中的【透明度】工具，设置【透明度类型】为标准，【开始透明度】为 50，按下键盘上的【Enter】键，确认操作，效果如图 3-44 所示。

（⒀）选择工具箱中的【选择】工具，选中处理后的文本图案，按下鼠标左键拖拉到合适位置，在不松开左键的情况下，单击鼠标右键，释放鼠标左键，再制该处理后的文本图案，适度缩放调整该图案

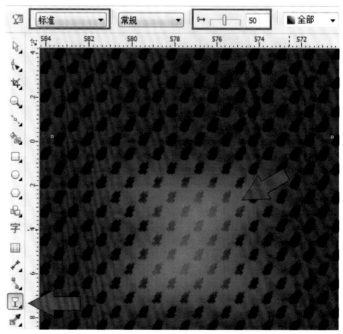

图 3-44

的大小、方向，重复上步操作，绘制牛仔面料上的水洗效果。效果如图 3-45 所示。

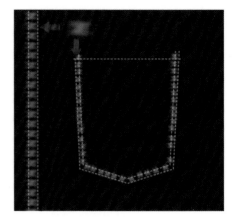

（14）选择工具箱中的【选择】工具，选中贴袋图形，按下鼠标左键拖拉该图形到合适位置，在不松开鼠标左键的情况下，单击鼠标右键，释放鼠标左键，再制该图形。选择工具箱中的【选择】工具，选中下方的矩形，按下鼠标左键拖拉该图形到合适位置，在不松开鼠标左键的情况下，单击鼠标右键，释放鼠标左键，再制该图形。执行菜单栏中

图 3-45

的【效果】/【图框精确裁剪】/【至于图文框内部】命令，当鼠标光标变为向右的黑色大方向键时，在贴袋图形上单击，将效果填入贴袋图形内部，效果如图 3-46 所示。

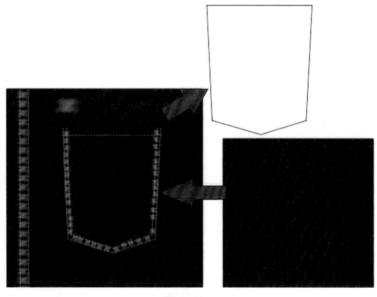

图 3-46

（15）在上步再制贴袋图形处于选中的情况下，鼠标左键单击调色盘上的黑色，为该图形填充黑色，执行菜单栏上的【位图】/【转换为位图】，打开【转换为位图】对话框，设置【分辨率】为 150dpi，单击【确定】图标确认操作，效果如图 3-47 所示。

（16）执行菜单栏上的【位图】/【模糊】/【高斯式模糊】命令，打开【高斯式模糊】对话框，设置【半径】为 43 像素，效果如图 3-48 所示。

（17）执行菜单栏上的【位图】/【颜色转换】/【半色调】命令，打开【半色调】对话框，设置【青】为 63，【品红】为 118，【黄】为 57，【黑】为 257，【最大点半径】为 4，单击【确定】图标确认操作，效果如图 3-49 所示。

图 3-47

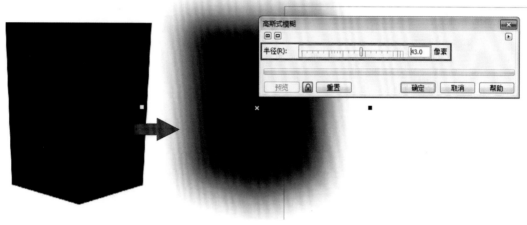

图 3-48

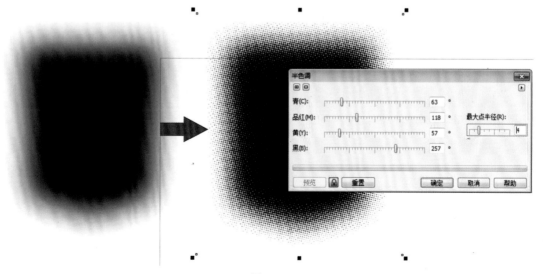

图 3-49

《18》在该效果处于选中的情况
下，选择工具箱中的【透明度】工
具，设置【透明度类型】为标准，
【开始透明度】为 50，按下键盘上
的【Enter】键，确认操作，效果如
图 3–50 所示。

《19》选择工具箱中的【选择】
工具，选中上步绘制的效果图形，
执行菜单栏中的【排列】/【顺序】/
【置于此对象后】命令，当鼠标光
标变为向右的黑色大方向键时，在
贴袋图形上单击，将效果放置于贴
袋图形下方，效果如图 3–51 所示。

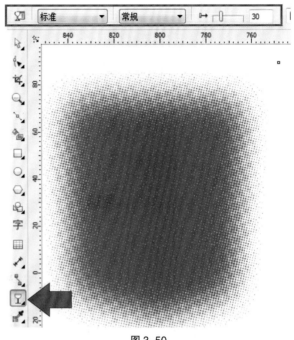

图 3–50

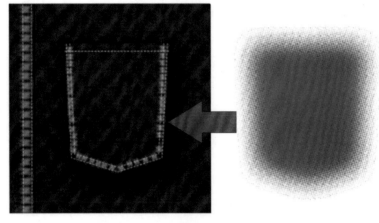

图 3–51

《20》选择工具箱中的【矩形】工具，在页面空白位置拖拉绘制一个长方形，鼠标左
键单击调色盘上的"白色"，鼠标右键单击调色盘上的"X"形方框（作用：将轮廓设置
为无色），执行菜单栏上的【位图】/【转换为位图】命令，打开【转换为位图】对话框，
设置【分辨率】为 150dpi，单击【确定】图标确认操作，效果如图 3–52 所示。

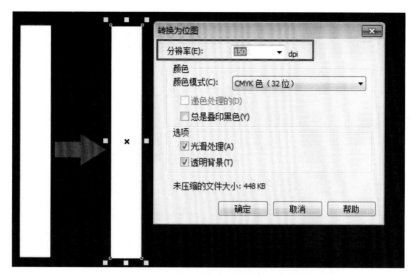

图 3-52

（21）选择工具箱中的【选择】工具，选中上步绘制的矩形，执行菜单栏上的【位图】/【模糊】/【高斯式模糊】命令，打开【高斯式模糊】对话框，设置【半径】为 100 像素，单击【确定】图标确认操作，效果如图 3-53 所示。

图 3-53

（22）选择工具箱中的【矩形】工具，在页面合适位置绘制一个矩形，选择工具箱中的【选择】工具，按下键盘上的【Shift】键，加选选中矩形和上步绘制的效果图形，执行工具属性栏上的【修剪】命令，用上方的矩形修剪下方的效果图形，效果如图 3-54所示。

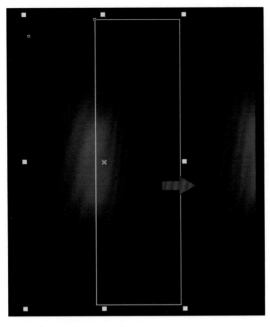

图 3-54

《23》选中上步被修剪的效果图形，按下鼠标左键，拖拉到相应的位置，在不松开鼠标左键的情况下，单击鼠标右键，释放鼠标左键，再制该图形，适度调整该图形的大小、方向，同上方法绘制牛仔面料的水洗效果。完成牛仔面料图形的绘制，效果如图 3-55 所示。

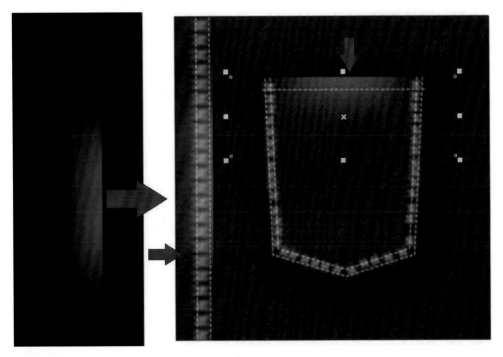

图 3-55

第四章

服饰图案的绘制

第一节
印花图案的绘制

印花图案的最终绘制完成效果如图 4-1 所示。

印花图案的绘制步骤如下：

((1)) 打开 CorelDRAW X6 软件，执行菜单栏中的【文件】/【新建】命令，或者使用【Ctrl】+【N】组合快捷键，新建一个空白页，设定纸张大小为"A4"，横向摆放。执行菜单栏上的【布局】/【页面背景】命令，打开【选项】对话框，设置【纯色】为浅绿，单击【确定】图标确认操作，效果如图 4-2 所示。

图 4-1

图 4-2

（2）导入摩托车位图图片，执行菜单栏中的【位图】/【模式】/【黑白（1位）】命令，打开【转换为1位】对话框，设置【转换方法】为线条图，【阈值】为128，单击【确定】图标确认操作，效果如图4-3所示。

图4-3

（3）在摩托车位图处于选中的情况下，执行菜单栏上的【位图】/【模式】/【RGB颜色（24位）】命令，将该位图再次转换为RGB模式，执行菜单栏上的【位图】/【位图颜色遮罩】命令，打开【位图颜色遮罩】对话框，勾选【隐藏颜色】，在色条上方的第一个颜色勾选，选择颜色吸管在摩托车位图上的白色处单击，选中白色，单击【应用】图标确认操作，移除位图上的白色，效果如图4-4所示。

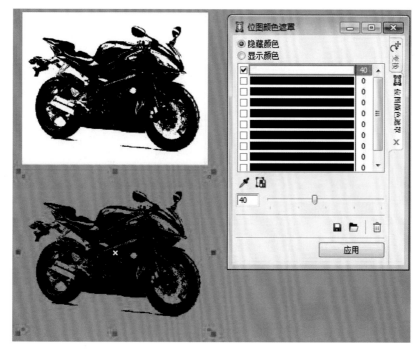

图4-4

《4》 执行菜单栏上的【位图】/【轮廓描摹】/【线条图】命令，打开【Power TRACE】对话框，设置【平滑】为25，【拐角平滑度】为0，在【移除背景】前方勾选，单击【确定】图标确认操作，将位图转换为矢量图，效果如图4-5所示。

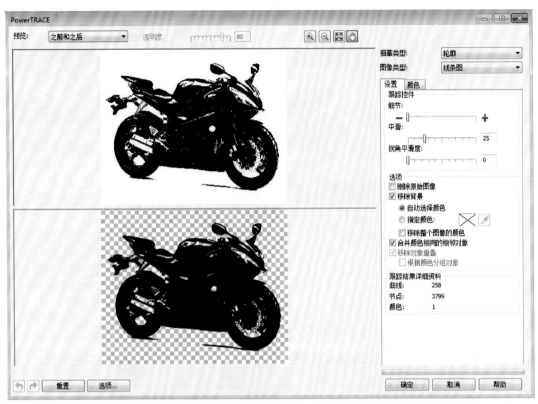

图 4-5

《5》 上步操作的主要目的是将位图转换为矢量图，这样，我们就可以对图案的色彩进行随时调整了，方便我们在设计中对图案色彩的控制，效果如图4-6所示。

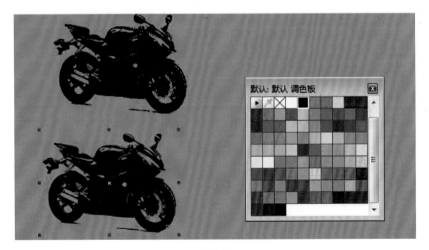

图 4-6

（6）选择工具箱中的【椭圆型】工具，按下键盘上的【Ctrl】键，在页面空白处单击拖拉绘制一个正圆形，鼠标左键单击调色板中的黑色，为其填充颜色，执行菜单栏上的【位图】/【转换为位图】命令，打开【转换为位图】对话框，设置【分辨率】为150dpi，单击【确定】图标确认操作，效果如图4-7所示。

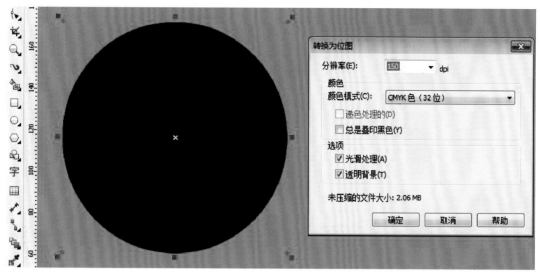

图4-7

（7）在正圆形图形处于选中的情况下，执行菜单栏上的【位图】/【模糊】/【高斯式模糊】命令，打开【高斯式模糊】对话框，设置【半径】为60像素，单击【确定】图标确认操作，效果如图4-8所示。

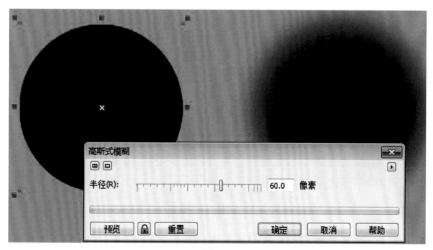

图4-8

（8）在正圆形图形处于选中的情况下，执行菜单栏上的【位图】/【颜色转换】/【半色调】命令，打开【半色调】对话框，设置【青】为0，【品红】为0，【黄】为0，【黑】为0，【最大点半径】为10，单击【确定】图标确认操作，效果如图4-9所示。

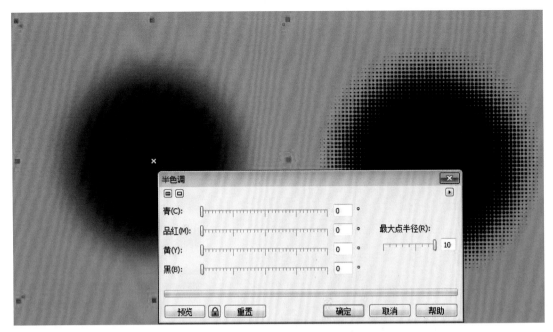

图 4-9

  《9》执行菜单栏上的【位图】/【轮廓描摹】/【线条图】命令，打开【Power TRACE】对话框，设置【平滑】为 25，【拐角平滑度】为 0，在【移除背景】前方的勾选，单击【确定】图标确认操作，将位图转换为矢量图，效果如图 4-10 所示。

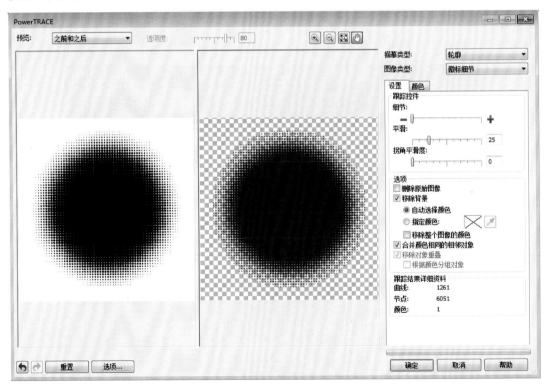

图 4-10

（⑩）选择工具箱中的【选择】工具，选中上步绘制图形，鼠标左键单击调色板中的白色，为其填充色彩，效果如图 4-11 所示。

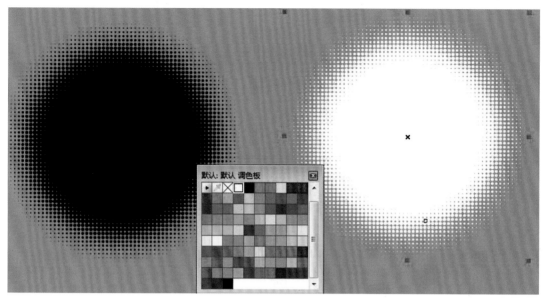

图 4-11

（⑪）选择工具箱中的【选择】工具，选中转换为矢量图的摩托车图案，单击调色板上的"淡绿色"（C：60、M：0、Y：40、K：20），按下键盘上的【Shift】+【Page Up】键，将该图案置于顶层，参照图 4-12 所示，将该图案放置于合适的位置。

图 4-12

（⑫）选择工具箱中的【文本】工具，在页面合适位置输入几个任意大写英文字母，结合工具属性栏调整其字体与字号，效果如图 4-13 所示。

图 4-13

（13）选择工具箱中的【椭圆形】工具，按下键盘上的【Ctrl】键，在页面上拖拉绘制一个正圆形，选择工具箱中的【选择】工具，选中步骤（12）中输入的几个大写英文字母，执行菜单栏中的【文本】/【使文本适合路径】命令，鼠标光标在正圆形图形上单击，使大写字母围绕正圆形图形排列，效果如图 4-14 所示。

图 4-14

（14）选中带有文字图案的正圆图形，执行菜单栏上的【排列】/【拆分在一路径上的文本】命令，鼠标左键先在页面任意空白处单击，然后单击选中正圆形图形，按下键盘上的【Delete】键，删除该图形，效果如图 4-15 所示。

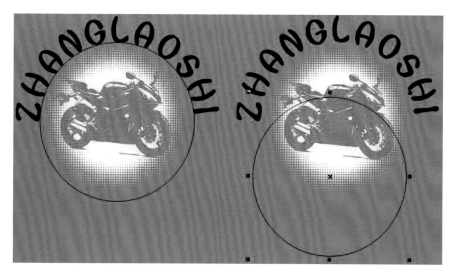

图 4-15

(15) 导入树干肌理位图，执行菜单栏上的【位图】/【模式】/【黑白 1 位】命令，设置【转换方法】为线条图，【阈值】为 40，单击【确定】图标确认操作，效果如图 4-16 所示。

图 4-16

(16) 在树干肌理位图处于选中的情况下，执行菜单栏上的【位图】/【模式】/【RGB 颜色（24 位）】命令，将该位图再次转换为 RGB 模式，执行菜单栏上的【位图】/【位图颜色遮罩】命令，打开【位图颜色遮罩】对话框，勾选【隐藏颜色】，在色条上方的第一个颜色勾选，选择颜色吸管在树干肌理位图上的白色处单击，选中白色，单击【应用】图标确认操作，移除位图上的白色，效果如图 4-17 所示。

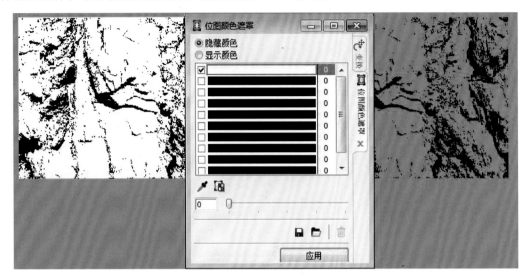

图 4-17

《17》执行菜单栏上的【位图】/【轮廓描摹】/【线条图】命令，打开【Power TRACE】对话框，设置【平滑】为 25，【拐角平滑度】为 0，在【移除背景】前方勾选，单击【确定】图标确认操作，将位图转换为矢量图，效果如图 4-18 所示。

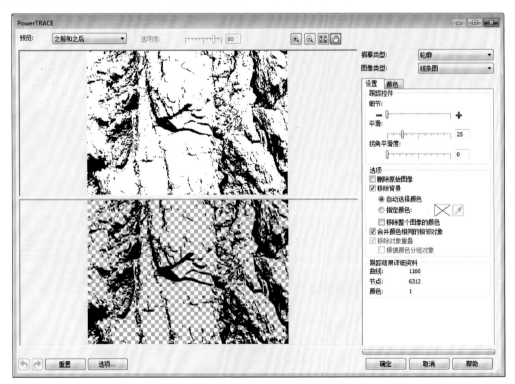

图 4-18

（18）选择工具箱中的【选择】工具，选中上步绘制的肌理图案，鼠标左键单击调色板中的"黄色"（C：0、M：0、Y：100、K：0），为其上色，效果如图4-19所示。

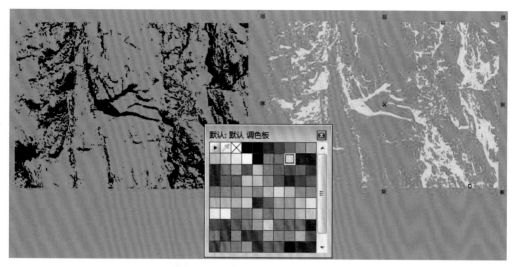

图 4-19

（19）选择工具箱中的【文本】工具，在合适的位置输入相应的阿拉伯数字和字母，结合工具属性栏设置字体和字号，效果如图4-20所示。

图 4-20

（20）选择工具箱中的【选择】工具，选中步骤（18）所绘制的肌理图形，按下键盘上的【Shift】+【Page Up】键，将该肌理图形放置于顶层，框选肌理图形和文字，执行工具属性栏上的【修剪】命令，用顶层的肌理图形修剪下方的文字图形，然后移除肌理图形，完成印花图案的绘制，效果如图 4-21、图 4-22 所示。

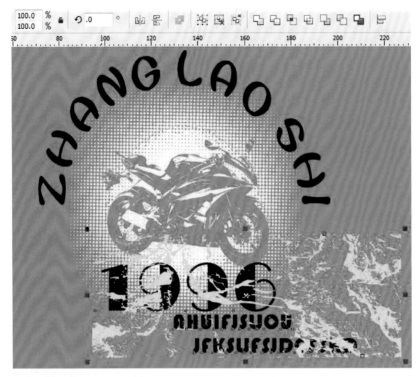

图 4-21

图 4-22

第二节

花色面料的绘制

花色面料的最终绘制完成效果如图 4-23 所示。

花色面料绘制步骤如下：

（1）导入羽毛位图图案，执行菜单栏上的【位图】/【位图颜色遮罩】命令，打开【位图颜色遮罩】对话框，勾选【隐藏颜色】，在色条上方的第一个颜色勾选，选择颜色吸管在羽毛位图上的白色处单击，选中白色，单击【应用】图标确认操作，移除位图上的白色，同上方法，将第二幅位图中的白色移除，效果如图 4-24 所示。

图 4-23

图 4-24

（2）选择工具箱中的【选择】工具，选中两幅羽毛位图图案中的一幅，执行菜单栏上的【位图】/【轮廓描摹】/【线条图】命令，打开【Power TRACE】对话框，设置【平滑】为0,【拐角平滑度】为0,在【移除背景】前方勾选,单击【确定】图标确认操作,将位图转换为矢量图,效果如图 4-25 所示。

图 4-25

《3》用上述方法,将另外一幅羽毛位图换为矢量图,效果如图 4-26 所示。

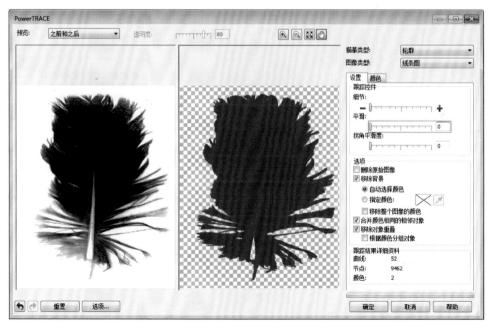

图 4-26

《4》选择工具箱中的【选择】
工具，选中羽毛位图，鼠标左键
单击调色板上的颜色，为其上色，
效果如图4-27所示。

《5》选择工具箱中的【矩形】
工具，在页面相应的位置，绘制
一个长方形，鼠标左键单击调色
板上的"灰色"（C：0、M：0、
Y：0、K：20），效果如图4-28
所示。

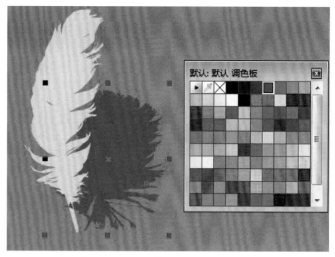

图4-27

《6》选择工具箱中的【选择】
工具，选中上步绘制的矩形，选择工具箱中的【透明度】工具，设置工具属性栏【透明度
类型】为标准，【开始透明度】为50，单击键盘上的【Enter】确认操作，效果如图4-29
所示。

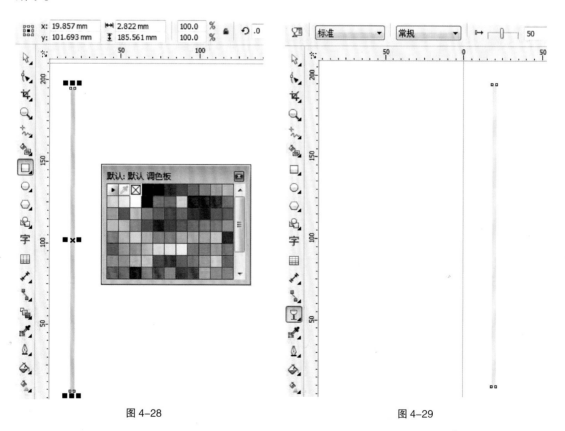

图4-28   图4-29

（7）选择工具箱中的【选择】工具，选中上步绘制矩形，按下鼠标左键，拖拉到合适位置，在不松开鼠标左键的情况下单击鼠标右键，释放鼠标左键，再制该图形，适度调整矩形的宽度，同上方法，按下键盘上的【Ctrl】键，在水平的位置上再制矩形组，效果如图4-30所示。

（8）选择工具箱中的【选择】工具，框选选中上步绘制的所有矩形图形，在该组矩形中心控制点上单击鼠标，当该组图形四个边角控制点变为旋转图标时，按下键盘上的【Ctrl】键，按下鼠标左键拖拉旋转该组图形90度，在不松开鼠标左键的情况下，单击鼠标右键，释放鼠标左键，旋转再制该组矩形，效果如图4-31所示。

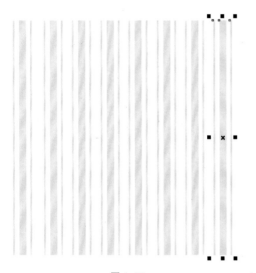

图4-30

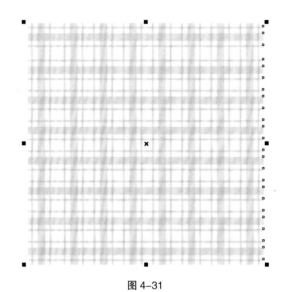

图4-31

（9）选择工具箱中的【选择】工具，框选选中羽毛图案，在水平的位置上再制该图形，框选本步再制的该组羽毛图案，按下键盘上的【Ctrl】键，按下鼠标左键向下拖拉到合适的位置，在不松开鼠标左键的情况下，单击鼠标右键，释放鼠标左键，在垂直的位置上再制该组图形，按下键盘上的【Ctrl】+【R】键，重复上步操作，在水平和垂直的位置上再制羽毛图案，效果如图4-32所示。

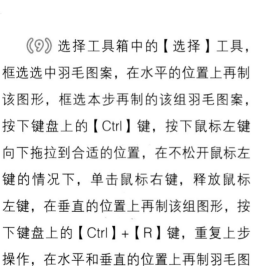

图4-32

《10》选择工具箱中的【矩形】工具，按下键盘上的【Ctrl】键，在页面空白处绘制一个 120mm×120mm 的正方形，选择工具箱中的【变形】工具，按下工具属性栏上的【拉链变形】图标，设置【拉链振幅】为 10，【拉链频率】为 20，按下键盘上的【Enter】键，确认矩形的变形，鼠标左键单击调色盘上的"靛蓝色"（C：40、M：40、Y：0、K：20），鼠标右键在调色板上方的"X"形方框上单击（作用：把轮廓设置为无色），效果如图 4-33 所示。

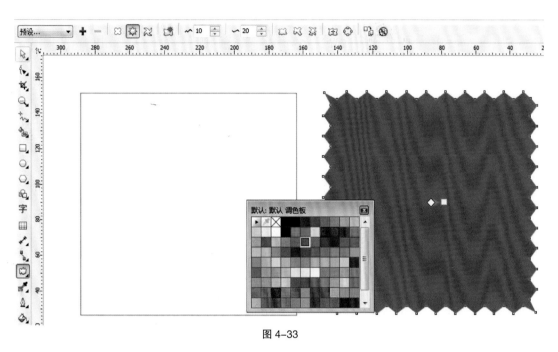

图 4-33

《11》选择工具箱中的【选择】工具，框选选中方格图案，执行菜单栏上的【效果】/【图框精确裁剪】/【至于图文框内部】命令，当鼠标光标变为向右的黑色方向键时，在步骤（10）绘制的图形上单击，将方格图案填入该图形，效果如图 4-34 所示。

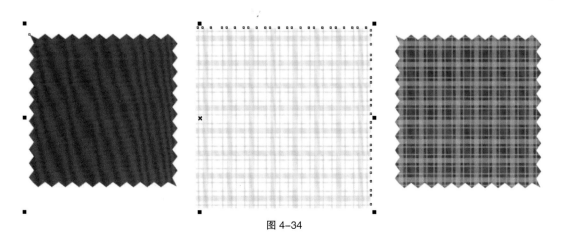

图 4-34

（12）用同上方法将羽毛图案组填入变形后的矩形图形中，完成花色面料的绘制，效果如图 4-35 所示。

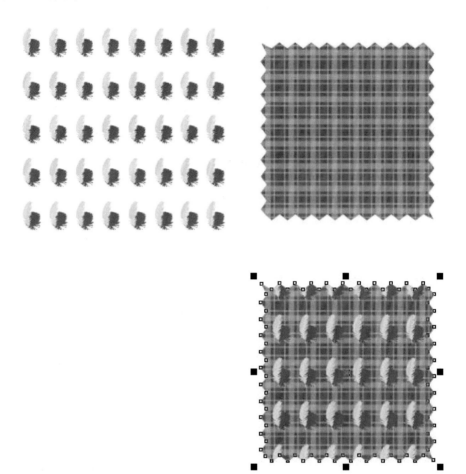

图 4-35

第三节

烫钻图案的绘制

烫钻图案的最终绘制完成效果如图 4-36 所示。

烫钻图案绘制步骤如下：

《1》执行菜单栏上的【布局】/【页面背景】，打开【选项】对话框，设置页面背景为："浅绿色"（C：60、M：0、Y：40、K：20），单击【确定】图标确认操作，效果如图 4-37 所示。

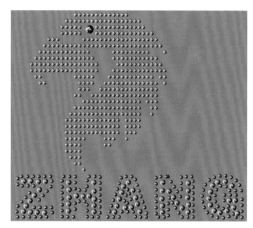

图 4-36

图 4-37

《2》执行菜单栏上的【视图】/【动态辅助线】命令，打开软件的【动态辅助线】功能，效果如图4-38所示。

《3》选择工具箱中的【多边形】工具，设置工具属性栏上的【点数或边数】为10，按下键盘上的【Ctrl】键，在相应的位置绘制一个正十边形，选择工具箱中的【选择】工具，鼠标左键选中正十边形的四个边角控制点的任意一个控制点，按下键盘上的【Shift】键，当光标变为"X"时，按下鼠标左键，向内拖拉，在不松开鼠标左键的情况下单击鼠标右键，释放鼠标左键，向内再制同心正十边形，以同上方法，向内继续再制同心正十边形，效果如图4-39所示。

图 4-38

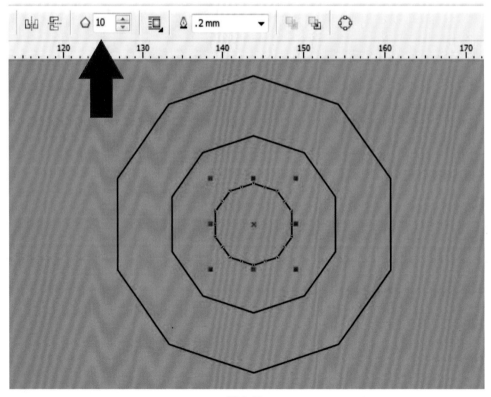

图 4-39

《4》选择工具箱中的【贝塞尔】工具，结合动态辅助线功能，在相应的位置绘制一个四边形，鼠标左键单击调色板上的任意色，效果如图 4-40 所示。

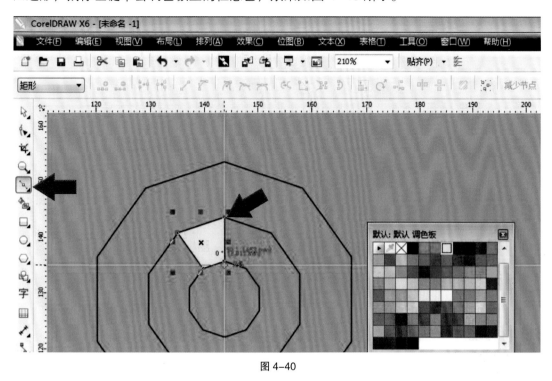

图 4-40

《5》选择工具箱中的【选择】工具，选中上步绘制的四边形图形，在其中心控制点上再次单击，选中其中心控制点，移动到内部正十边形的中心，效果如图 4-41 所示。

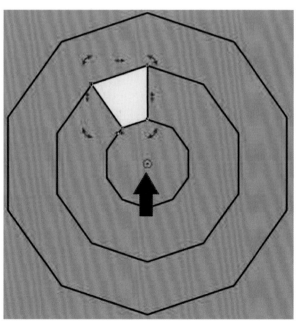

图 4-41

《⑥》执行菜单栏上的【排列】/【变换】/【旋转】命令，打开【变换】对话框，设置【旋转角度】为36度，【副本】为10，单击【应用】图标确认操作，效果如图4-42所示。

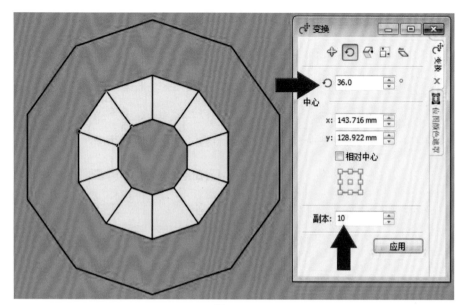

图 4-42

《⑦》以同上方法继续绘制图形，效果如图4-43所示。

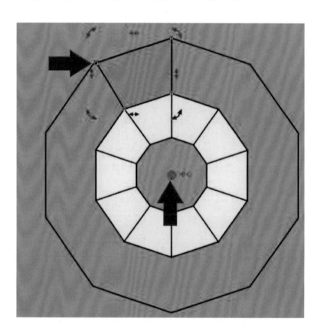

图 4-43

《⑧》以同上方法继续绘制外围正十边形内部的图形，效果如图4-44所示。

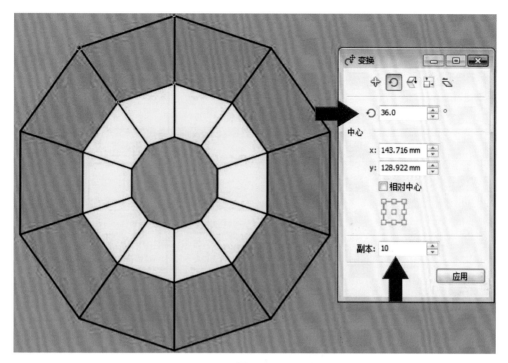

图 4-44

（9）选择工具箱中的【选择】工具，选中内部的正十边形，选择工具箱中的【渐变填充】工具（或者按下键盘上的【F11】键），打开【渐变填充】对话框，设置相关命令，为内部的正十边形填充渐变色，效果如图 4-45 所示。

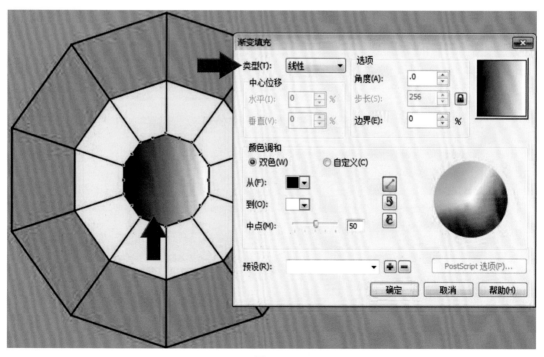

图 4-45

（10）选择工具箱中的【选择】工具，分别选中相应的图形对象，打开调色板，鼠标左键单击调色板中相应的色彩，为图形上色，当上色完成后，框选所有图形，鼠标右键在调色板上方的"X"形方框上单击（作用：把轮廓设置为无色），移除对象的轮廓色，效果如图4-46所示。

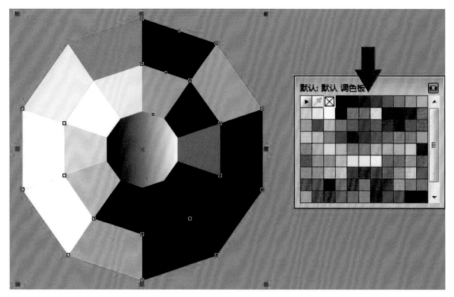

图 4-46

（11）选择工具箱中的【选择】工具，框选选中上步绘制的图形组，按下鼠标左键，将其拖拉到合适的位置，在不松开鼠标左键的情况下单击鼠标右键，释放鼠标左键，再制该图形组，同上方法，再制两个相同的图形。选择工具箱中的【选择】工具，分别选中相应的图形，选择工具箱中的【彩色】工具，打开【颜色】泊坞窗，为其上色，效果如图4-47所示。

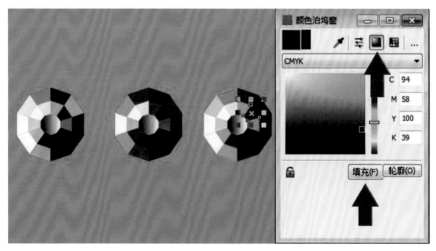

图 4-47

（⑫）导入雄鹰位图图案，当位图图案处于选中的情况下，按下键盘上的【Shift】+【Page Down】键，将该位图图案放置于页面底层，效果如图 4-48 所示。

图 4-48

（⑬）选择工具箱中的【选择】工具，框选选中银色烫钻图形，按下键盘上的【Ctrl】+【G】键，将该图形建组，调整其大小，分别在水平和垂直的位置上再制该图形，将再制后的银色烫钻图形组放置于雄鹰位图上方，效果如图 4-49 所示。

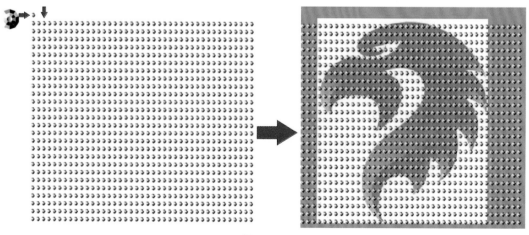

图 4-49

（14）选择工具箱中的【选择】工具，分别选中多余的银色烫钻图形，按下键盘上的【Delete】键，删除多余的银色烫钻图形，删除雄鹰位图，效果如图 4-50 所示。

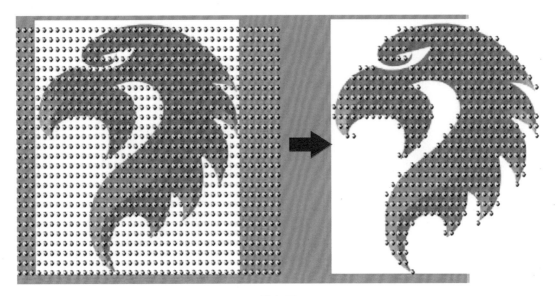

图 4-50

（15）选择工具箱中的【选择】工具，框选选中红色烫钻图形，按下键盘上的【Ctrl】+【G】键，将该图形建组，适度调整其大小，将其放置于合适位置，效果如图 4-51 所示。

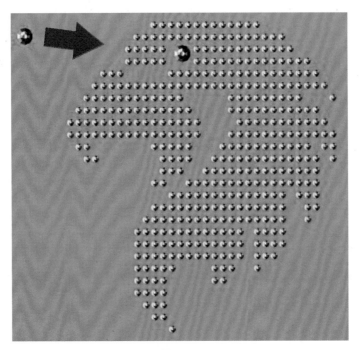

图 4-51

（16）选择工具箱中的【文本】工具，在页面空白处输入几个任意大写英文字母，结合工具属性栏上的相关命令设置字体和字号，鼠标左键单击调色板中的白色，鼠标右键单击调色板中的黑色为字体填充色彩，效果如图4-52所示。

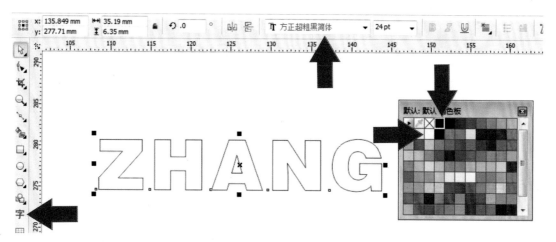

图 4-52

（17）选择工具箱中的【选择】工具，选中红色烫钻图形，适度调整其大小，在水平位置上再制该图形，选择工具箱中的【调和】工具，在左部红色烫钻图形上按下鼠标左键，拖拉至第二个红色烫钻图形上，释放鼠标左键，设置工具属性栏上的【调和对象】为180，按下键盘上的【Enter】键，确认调和，效果如图4-53所示。

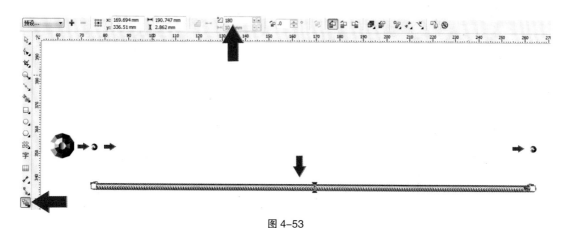

图 4-53

（18）选择工具箱中的【选择】工具，选中上步绘制的烫钻图形组，执行工具属性栏上的【调和属性】/【新路径】命令，鼠标光标在文字图形上单击，使红色烫钻图形沿文字轮廓调和，效果如图4-54所示。

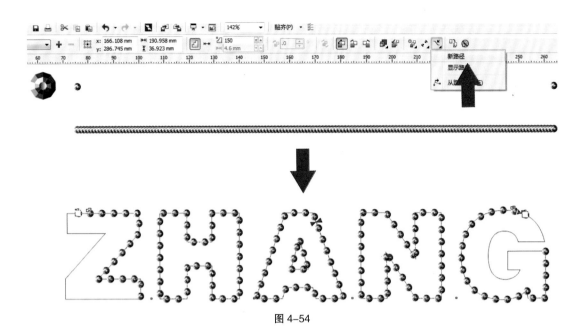

图 4-54

（19）执行工具属性栏上的【更多调和选项】/【沿全路径调和】命令，使红色烫钻图案均匀地沿文字轮廓调和，效果如图 4-55 所示。

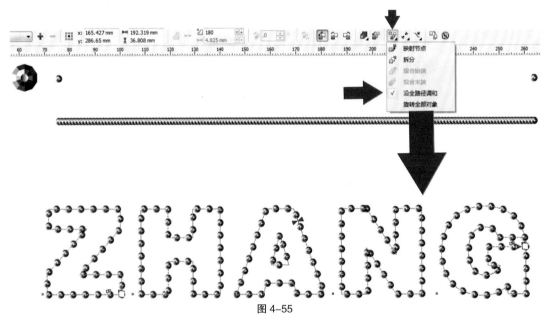

图 4-55

（20）选择工具箱中的【选择】工具，选中上步绘制的图形，执行菜单栏上的【排列】/【拆分路径群组上的混合】命令，鼠标左键在页面任意空白处单击，然后再选中烫钻图形下方的文字图形，按下键盘上的【Delete】键，删除对象，效果如图 4-56 所示。

（21）选择工具箱中的【选择】工具，框选选中绿色烫钻图形，按下键盘上的【Ctrl】+【G】键，将该图形建组。适度调整其大小和位置，按下鼠标左键，将绿色烫钻图形拖拉

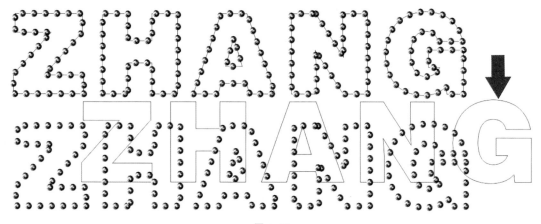

图 4-56

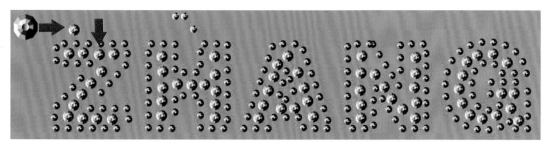

图 4-57

到相应的位置，在不松开鼠标左键的情况下单击鼠标右键，释放鼠标左键，再制该图形。以同上方法多次再制绿色烫钻图形放置于文字图形内部，效果如图 4-57 所示。

《22》选择工具箱中的【选择】工具，框选选中文字烫钻图形，将其放置于相应位置，完成烫钻图案的绘制，效果如图 4-58 所示。

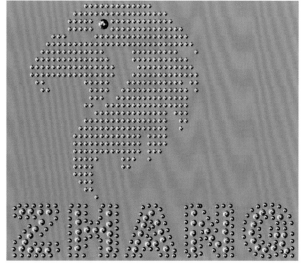

图 4-58

第四节

服装吊牌的绘制

服装吊牌图形绘制的最终完成效果如图 4-59 所示。

服装吊牌的绘制步骤如下：

《1》实行菜单栏上的【布局】/【页面背景】命令，打开【选项】对话框，设置背景颜色为"橄榄色"（C：0、M：0、Y：40、K：40），单击【确定】图标确认操作，为页面填充一个颜色，效果如图 4-60 所示。

图 4-59

图 4-60

《2》分别选择工具箱中的【矩形】工具和【椭圆形】工具，在页面空白处绘制一个椭圆形和一个圆角矩形（矩形的圆角应在工具属性栏中设置），效果如图 4-61 所示。

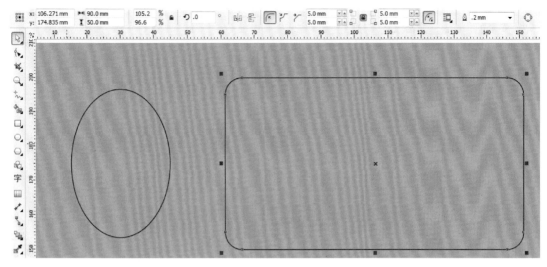

图 4-61

《3》选择工具箱中的【选择】工具，鼠标左键选中圆角矩形的四个边角控制点的任意一个控制点，按下键盘上的【Shift】键，当光标变为"X"时，按下鼠标左键，向内拖拉，在不松开鼠标左键的情况下单击鼠标右键，释放鼠标左键，向内再制同心圆角矩形，将其拖拉到页面空白处备用，效果如图 4-62 所示。

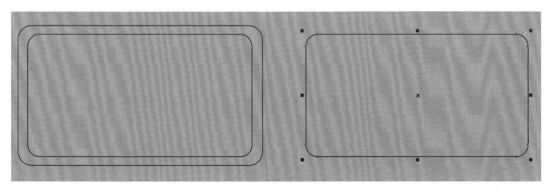

图 4-62

《4》选择工具箱中的【选择】工具，选中椭圆形图形，将其放置于圆角矩形左侧，框选两个图形，执行工具属性栏上的【合并】命令，将两个图形合并为一个图形，效果如图 4-63 所示。

《5》选择工具箱中的【选择】工具，选中上步绘制图形，鼠标左键单击调色盘中的"赭石色"（C：0、M：40、Y：60、K：20），为该图形上色，效果如图 4-64 所示。

《6》选择工具箱中的【椭圆形】工具，按下键盘上的【Ctrl】键，在页面空白处绘

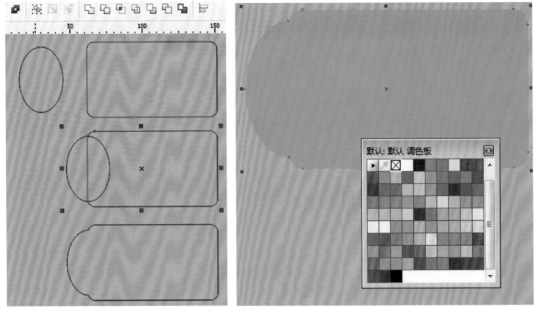

图 4-63   图 4-64

制一个正圆形，鼠标左键单击调色板中的白色，鼠标右键单击调色板上方的"X"形方框
（作用：把图形的轮廓设置为无），为其填充色彩。选择工具箱中的【选择】工具，选中
该正圆形，按下键盘上的【Ctrl】键，按下鼠标左键，将该正圆形在水平位置上拖拉到合
适位置，在不松开鼠标左键的情况下，单击鼠标右键，释放鼠标左键，在水平位置上再制
正圆形，多次按下键盘上的【Ctrl】+【R】键，重复上步操作，在垂直位置上再绘制正圆
形图形组，效果如图 4-65 所示。

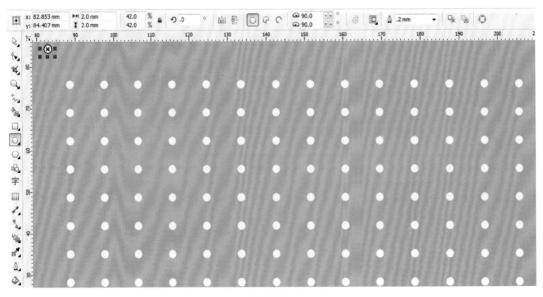

图 4-65

CorelDRAW 服装设计经典实例教程（第 2 版）

（7）选择工具箱中的【选择】工具，框选选中上步绘制的正圆形图形组，选择工具箱中的【透明度】工具，设置工具属性栏的【透明度类型】为标准，【开始透明度】为50，按下键盘上的【Enter】键，确认对于该图形组的透明处理，效果如图 4-66 所示。

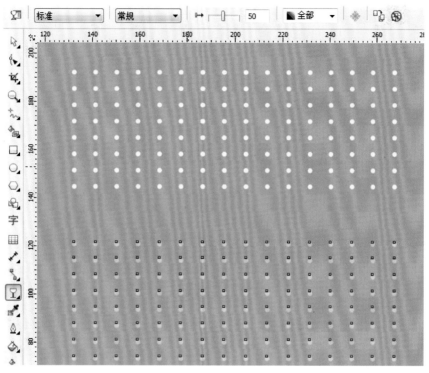

图 4-66

（8）选择工具箱中的【选择】工具，框选选中上步绘制的正圆形图形组，执行菜单栏上的【效果】/【图框精确裁剪】/【置于图文框内部】命令，当鼠标光标变为向右的大方向键时，在步骤（5）绘制的图形上单击，将正圆形图形组填充到该图形内部，效果如图 4-67 所示。

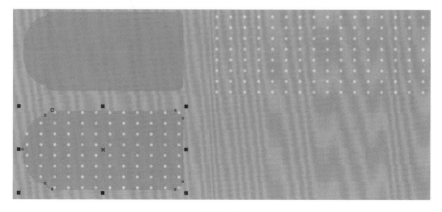

图 4-67

《9》选择工具箱中的【椭圆形】工具，按下键盘上的【Ctrl】键，在页面空白处绘制三个正圆形（其中两个正圆形需要中心对齐），填充相应的颜色，框选两个中心对齐的正圆形，执行工具属性栏上的【修剪】命令，将内部的正圆形删除，效果如图 4-68 所示。

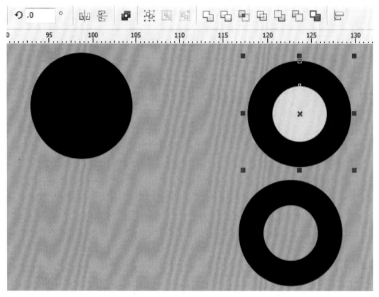

图 4-68

《10》选择工具箱中的【选择】工具，选中上步绘制的正圆形，放置于相应位置上，框选两个图形，执行工具属性栏上的【对齐与分布】命令，打开【对齐与分布】泊坞窗，单击【垂直居中对齐】图标，使两个图形在水平位置上对齐，执行工具属性栏上的【修剪】命令，用上层的正圆形图形修剪下层图形，然后将步骤（10）中两个正圆形修剪后得到的图形放置于相应的位置，效果如图 4-69 所示。

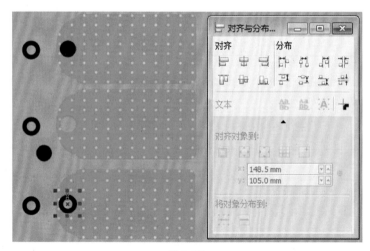

图 4-69

（11）选择工具箱中的【选择】工具，选中上步绘制图形在不松开鼠标左键的情况下，单击鼠标右键，释放鼠标左键，再制该图形，鼠标左键单击调色板中的"深灰色"（C：0、M：0、Y：0、K：70）为其上色，执行菜单栏上的【效果】/【图框精确裁剪】/【提取内容】命令，将该图形中的圆形图形组提取出来，按下键盘上的【Delete】键，删除圆形图形组，按下键盘上的【Shift】+【Page Down】键，将该图形置于底层，参照如图4-70所示，将该图形放置于合适位置。

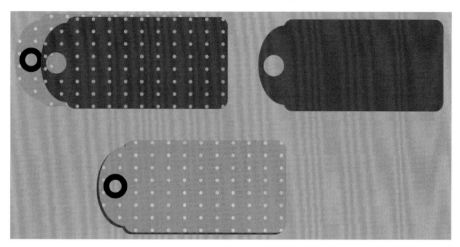

图 4-70

（12）选择工具箱中的【选择】工具，选中步骤（3）再制的圆角矩形，鼠标左键单击调色板中的白色，鼠标右键单击调色板上方的"X"形方框（作用：隐藏对象轮廓颜色），按下键盘上的【Shift】+【Page Up】键，将该图形置于顶层，参照图4-71所示，将圆角矩形放置于合适位置。

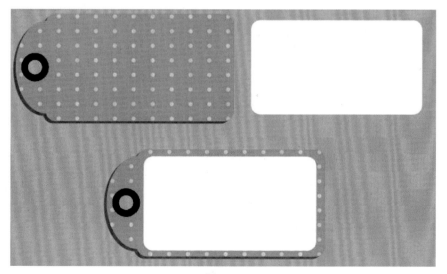

图 4-71

（13）选择工具箱中的【椭圆形】、【贝塞尔】工具，结合工具属性栏上的相关命令，绘制小鸟图形，并选择工具箱中的【形状】工具耐心修改，效果如图 4-72 所示。

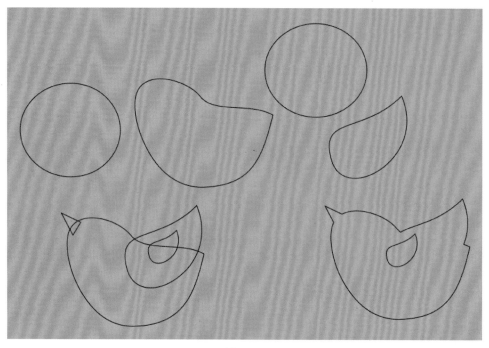

图 4-72

（14）继续绘制小鸟图形，并填充其色彩，隐藏轮廓色，效果如图 4-73 所示。

图 4-73

《15》选择工具箱中的【选择】工具，框选选中小鸟图形，放置在相应的位置上，按下键盘上的【Shift】键，加选选中小鸟身体图形和白色圆角矩形，执行工具属性栏上的【修剪】命令，用上层的小鸟身体图形修剪下方的白色圆角矩形，适度调整其位置，效果如图 4-74 所示。

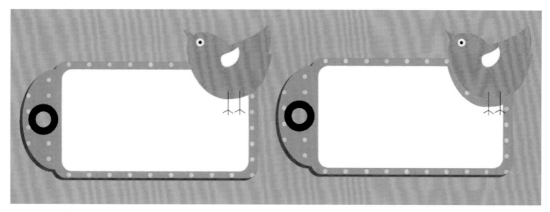

图 4-74

《16》选择工具箱中的【选择】工具，选中小鸟身体图形，将其拖拉到合适位置，在不松开鼠标左键的情况下，单击鼠标右键，释放鼠标左键，再制该图形，鼠标左键单击调色板中的"深灰色"（C：0、M：0、Y：0、K：70）为其上色，按下键盘上的【Shift】+【Page Down】键，将该图形置于底层，参照图 4-75 所示，将该图形放置于合适位置。

图 4-75

《17》选择工具箱中的【文本】工具，在相应的位置上输入几个任意大写英文字母，结合工具属性栏上的相关命令，设置其字体与字号，鼠标左键单击调色板中的"橘红色"（C：0、M：40、Y：100、K：0）为其填充色彩，效果如图 4-76 所示。

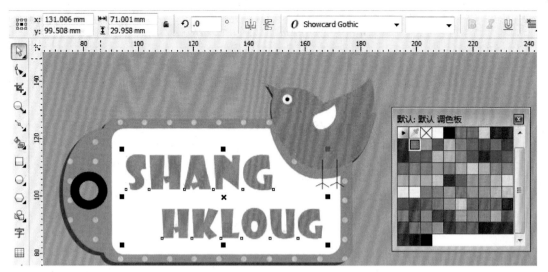

图 4-76

《18》选择工具箱中的【贝塞尔】工具，在相应的位置绘制两条曲线，选择工具箱中的【轮廓笔】工具，打开【轮廓笔】对话框，设置这两条曲线的线宽及轮廓颜色，完成服装吊牌图形的绘制，效果如图 4-77 所示。

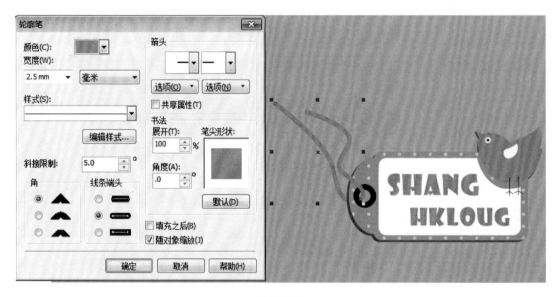

图 4-77

CorelDRAW 服装设计经典实例教程（第 2 版）

第五章

服饰配件的绘制

第一节

戒指的绘制

戒指图形的最终绘制完成效果如图 5-1 所示。

戒指的绘制步骤如下：

⑴ 选择工具箱中的【椭圆形】工具，在页面相应的位置绘制三个椭圆形，选择工具箱中的【选择】工具，适度调整其角度及位置，效果如图 5-2 所示。

⑵ 选择工具箱中的【选择】工具，分别加选选中相应的椭圆形，执行工具属性栏上的【修剪】

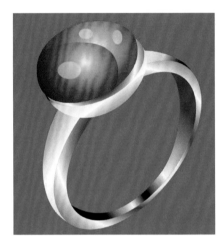

图 5-1

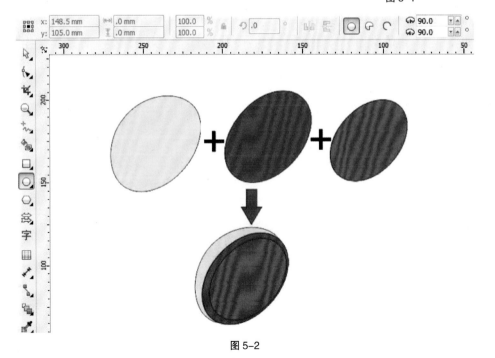

图 5-2

命令，得到需要的图形，适度调整其位置关系，如图5-3所示。

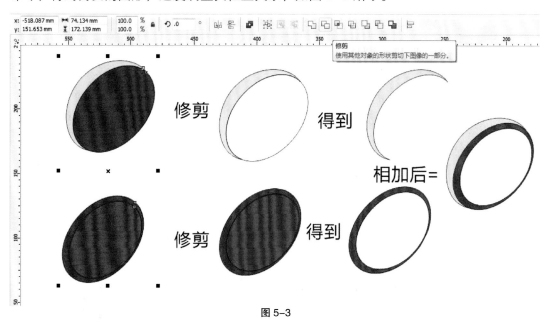

图5-3

（3）以同上方法继续修剪得到的图形，效果如图5-4所示。

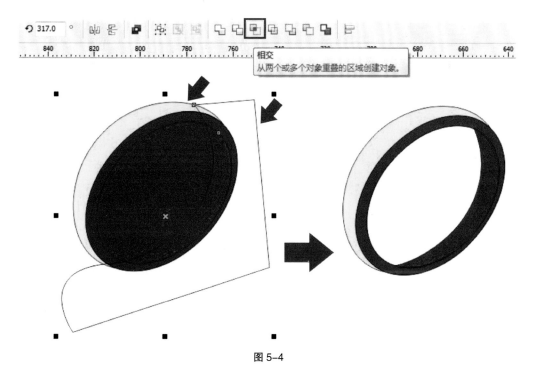

图5-4

（4）选择工具箱中的【选择】工具，分别选中相应的图形，选择工具箱中的【渐变填充】工具，打开【渐变填充】对话框，分别设置渐变类型、样式和角度，效果如图5-5所示。

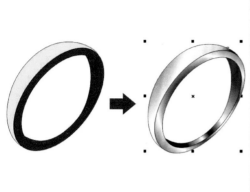
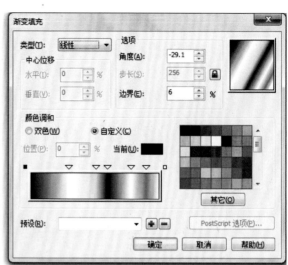

图 5-5

(⑤) 选择工具箱中的【选择】工具，框选选中上步绘制的三个图形，按下键盘上的【Ctrl】+【G】键，群组三个图形，再制该图形，适度调整其角度和大小，放置于相应的位置，如图 5-6 所示。

图 5-6

(⑥) 选择工具箱中的【椭圆形】工具，在页面合适位置绘制两个椭圆形，选择工具箱中的【选择】工具，框选选中两个椭圆形，执行工具属性栏上的【相交】命令，选中上方的椭圆形，按下键盘上的【Deleete】键，删除该图形。框选余下的两个图形，适度调整其大小及角度，并将椭圆形及相交得到的图形放置于相应的位置，效果如图 5-7 所示。

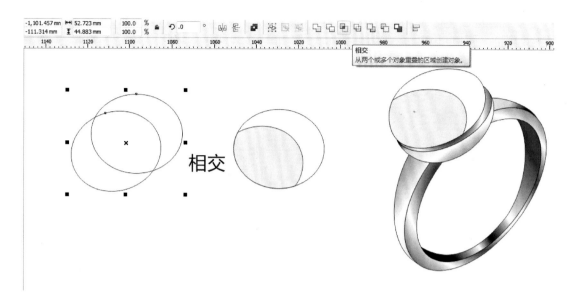

图 5-7

《7》选择工具箱中的【选择】工具，框选选中上步绘制的两个图形，单击选中工具箱中的【渐变填充】工具，打开【渐变填充】对话框，设置【类型】为辐射，【颜色调和】为自定义，设置渐变色彩，单击【确定】图标确认操作，效果如图 5-8 所示。

图 5-8

《8》选择工具箱中的【椭圆形】工具，在页面相应位置绘制一个椭圆形，鼠标左键单击调色板中的白色，鼠标右键单击调色板上方的"X"形方框（作用：将图形轮廓设置为无），为椭圆形填充色彩，选择工具箱中的【透明度】工具，执行工具属性栏中的【透明度类型】为标准,【开始透明度】为 50,按下键盘上的【Enter】键确认操作,效果如图 5-9 所示。

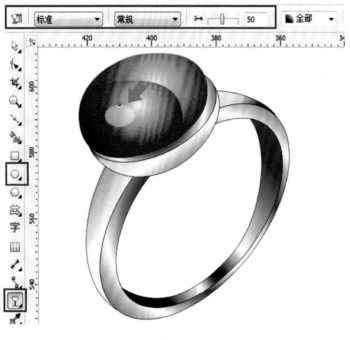

图 5-9

(9) 选择工具箱中的【选择】工具,选中上步绘制的椭圆形图形,两次再制该图形,并适度调整其大小与方向,绘制红色宝石上的高光效果,完成戒指图形的绘制,效果如图 5-10 所示。

图 5-10

第二节

拉链的绘制

拉链图形的最终绘制完成效果如图 5-11 所示。

拉链的绘制步骤如下：

《1》选择工具箱中的【多边形】工具，设置工具属性栏上的【点数或边数】为 5，按下键盘上的【Crtl】键，在页面空白处绘制一个正五边形，按下键盘上的【Dtrl】+【Q】键，将正五边形转换为正常曲线，选择工具箱中的【形状】工具，框选该正五边形，单击鼠标右键在弹出的选项栏中选择【到曲线】命令，效果如图 5-12 所示。

《2》选择工具箱中的【形状】工具，结合工具属性栏上的相关命令，调整正五边形形状，效果如图 5-13 所示。

图 5-11

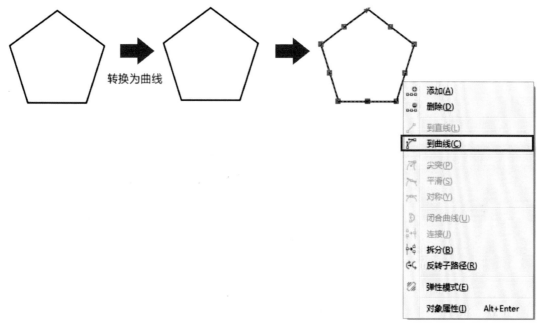

转换为曲线

图 5-12

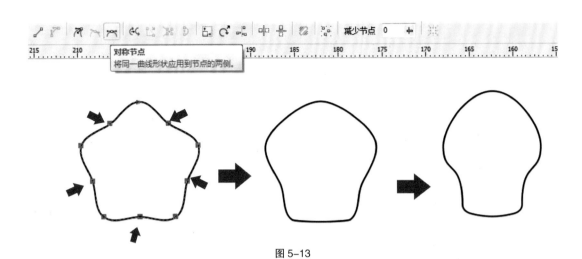

图 5-13

（3）选择工具箱中的【选择】工具，鼠标左键选中上步绘制的图形四个边角控制点的任意一个控制点，按下键盘上的【Shift】键，当光标变为"X"形状时，按下鼠标左键，向内拖拉，在不松开鼠标左键的情况下单击鼠标右键，释放鼠标左键，向内再制同心图形，以同上方法，向内继续再制同心图形。分别选中本步骤再制得到的三个图形，选择工具箱中的【渐变填充】工具，打开【渐变填充】对话框，设置【渐变填充】对话框中的相关命令，为三个图形填充渐变效果，效果如图 5-14 所示。

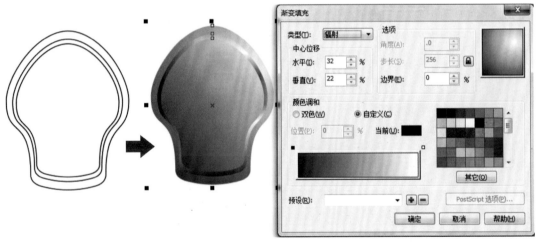

图 5-14

（4）选择工具箱中的【矩形】工具，在页面相应位置绘制一个长方形，结合工具属性栏中的相关命令，设置长方形为圆角矩形，效果如图 5-15 所示。

（5）选择工具箱中的【矩形】工具，在圆角矩形上方绘制一个矩形，选择工具箱中的【选择】工具，框选选中矩形和圆角矩形，执行工具属性栏上的【相交】命令，得到两个图形重合部分的新图形，效果如图 5-16 所示。

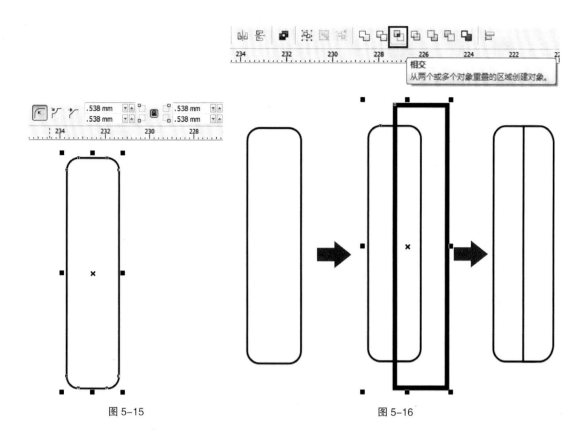

图 5-15   图 5-16

《6》以同上方法相交得到圆角矩形下方的新图形，效果如图 5-17 所示。

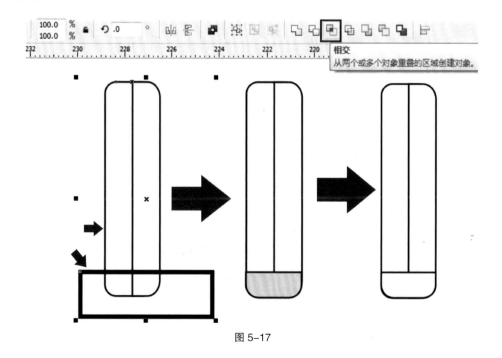

图 5-17

《7》选择工具箱中的【渐变填充】工具，打开【渐变填充】对话框，分别选中上步步骤再制得到的三个图形，设置【渐变填充】对话框中的相关命令，为三个图形填充渐变效果，隐藏三个图形的轮廓颜色，效果如图5-18所示。

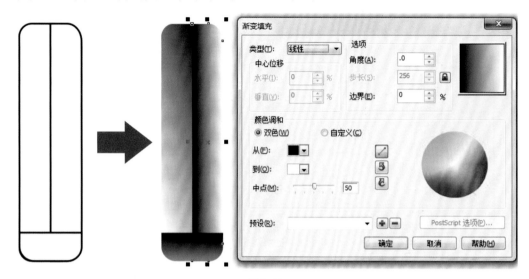

图5-18

《8》选择工具箱中的【选择】工具，框选选中上步绘制的三个图形，适当调整其大小，将其放置于合适位置，效果如图5-19所示。

《9》选择工具箱中的【矩形】工具，在页面空白处绘制一个长方形，按下键盘上的【Dtrl】+【Q】键，将矩形转换为正常曲线，选择工具箱中的【形状】工具，结合工具属性栏上的相关命令，调整矩形得到需要的形状，效果如图5-20所示。

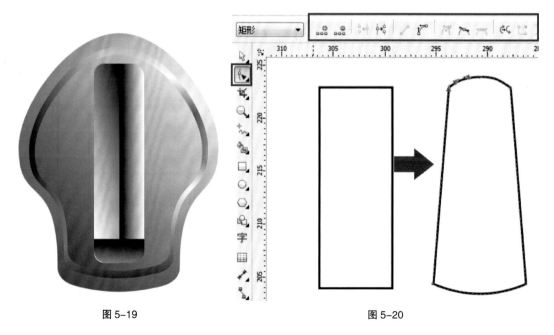

图5-19   图5-20

（10）选择工具箱中的【椭圆形】工具，在相应的位置绘制两个椭圆形；选择工具箱中的【选择】工具，框选选中三个图形，执行工具属性栏上的【修剪】命令，删除其中一个椭圆形，效果如图 5-21 所示。

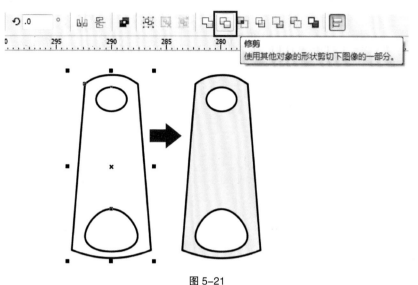

图 5-21

（11）选择工具箱中的【选择】工具，选中步骤（10）绘制的椭圆形，将其放置于相应的位置，执行工具属性栏中的【相交】命令，相交得到黄色图形，选中椭圆形，按下键盘上的【Delete】键，删除椭圆形，效果如图 5-22 所示。

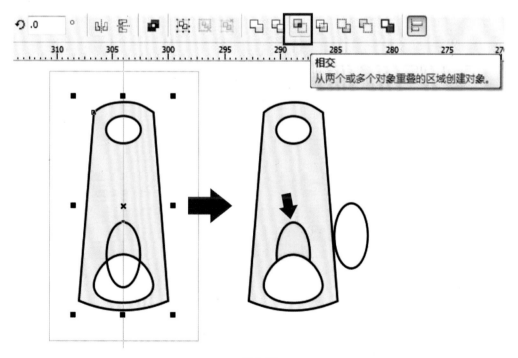

图 5-22

（⑫）选择工具箱中的【选择】工具，框选选中上步绘制图形，拖拉其到相应位置，在不松开鼠标左键的情况下，单击鼠标右键，释放鼠标左键，再制该图形，选中底层图形，鼠标左键单击调色盘上的黑色，为其填充颜色，适度调整上下两个图形的位置关系，效果如图5-23所示。

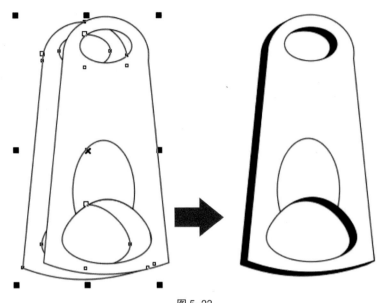

图 5-23

（⑬）选择工具箱中的【渐变填充】工具，打开【渐变填充】对话框，分别选中上步步骤再制得到的两个图形，设置【渐变填充】对话框中的相关命令，为三个图形填充渐变效果，隐藏两个图形的轮廓颜色，效果如图5-24所示。

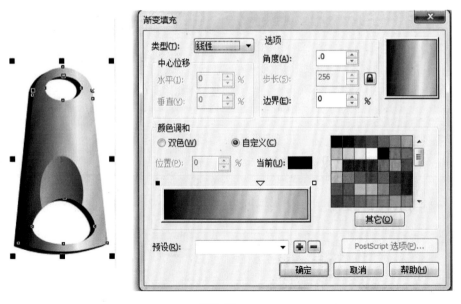

图 5-24

（14）分别选择工具箱中的【矩形】工具、【多边形】工具，在相应的位置绘制两个长方形和一个正八边形，适度调整其位置关系，框选三个图形，执行工具属性栏上的【对齐于分布】命令，打开【对齐于分布】对话框，点选【垂直居中对齐】图标，将三个图形在水平位置上对齐，效果如图 5-25 所示。

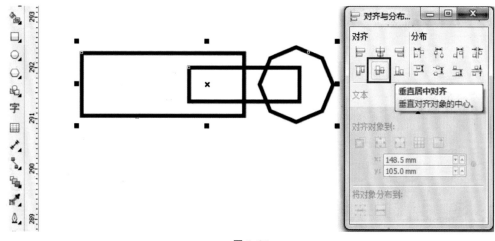

图 5-25

（15）选择工具箱中的【选择】工具，框选选中上步绘制的三个图形，执行工具属性栏上的【合并】命令，得到拉链齿图形，效果如图 5-26 所示。

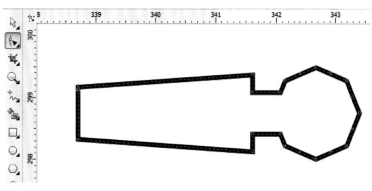

图 5-26

（16）选择工具箱中的【选择】工具，再制上步绘制的拉链齿图形，选中下层的拉链齿图形，鼠标左键单击调色板中的黑色，为其填充颜色，选中上层的拉链齿图形，选择工具箱中的【渐变填充】工具，打开【渐变填充】对话框，设置对话框中的相关参数及色彩，单击【确定】图标确认设置，鼠标右键单击调色板上的"X"形方框（作用：将对象轮廓颜色设置为无），效果如图 5-27 所示。

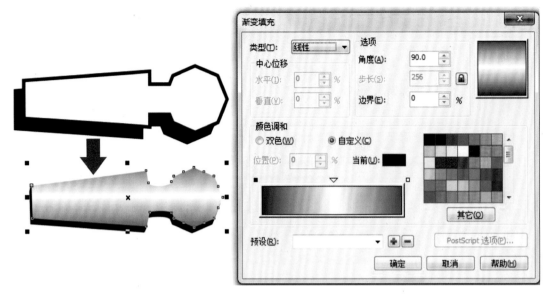

图 5-27

〖17〗选择工具箱中的【选择】工具,框选选中拉链齿图形,按下键盘上的【Ctrl】+
【G】键,将该图形建组,选中上步绘制拉链齿图形,按下鼠标左键,向下拖拉到合适位
置,在不松开鼠标左键的情况下单击鼠标右键,释放鼠标左键,在垂直的位置上再制该图
形,选择工具箱中的【调和】工具,在上部拉链齿图形上按下鼠标左键,拖拉至下方的拉
链齿图形,设置工具属性栏上的【调和对象】为 50,效果如图 5-28 所示。

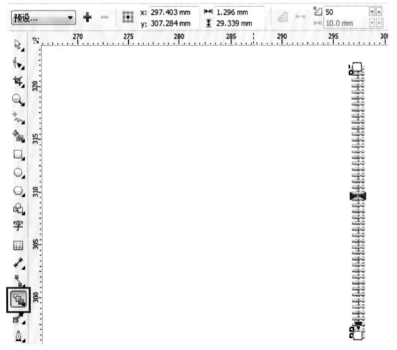

图 5-28

《18》 选择工具箱中的【选择】工具，框选选中上步绘制的拉链齿图形组，按下键盘上的【Ctrl】键，在该图形组左中控制点按下鼠标左键，向右拖拉，在不松开鼠标左键的情况下，单击鼠标右键，释放鼠标左键，镜像再制拉链齿图形组，利用键盘上的方向键适度调整两组图形之间的位置关系，效果如图5-29所示。

《19》 分别选择工具箱中的【矩形】工具与【贝塞尔】工具，分别绘制三个矩形和两条垂直线，分别填充相应的颜色，选中深紫色矩形，按下键盘上的【Shift】+【Page Down】键，将该图形置于底层，适度调整本步绘制的三个矩形和两条垂直线的位置关系。选择工具箱中的【选择】工具，加选选中两条垂直线，选择工具箱中的【轮廓笔】工具，打开【轮廓笔】对话框，设置相关参数，将两条垂直线设置为虚线，效果如图5-30所示。

图 5-29

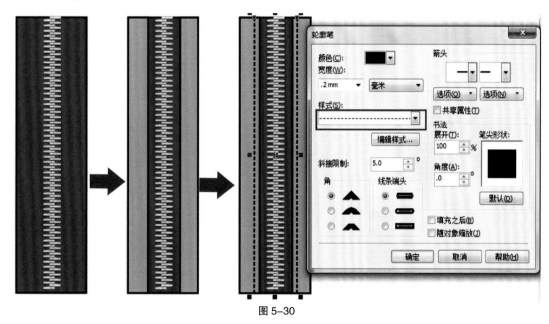

图 5-30

《20》 选择工具箱中的【矩形】工具，在相应位置绘制两个矩形，选择工具箱中的【选择】工具，框选选中两个矩形，选择工具箱中的【渐变填充】工具，打开【渐变填充】对话框，设置相关参数，单击【确定】图标确认操作，效果如图5-31所示。

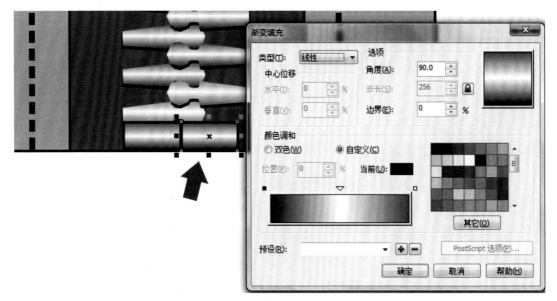

图 5-31

《21》选择工具箱中的【选择】工具，框选选中拉链头和拉链拉环图形，按下键盘上的【Shift】+【Page Up】键，将其置于顶层，调整拉链头和拉链拉环之间的上下位置、大小关系，将其放置于相应的位置，完成拉链图形的绘制，效果如图 5-32 所示。

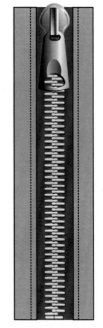

图 5-32

第三节

女式提包的绘制

女式提包图形的最终绘制完成效果如图 5-33 所示。

女式提包绘制步骤如下：

（1）选择工具箱中的【矩形】工具，在页面空白处绘制一个矩形，按下键盘上的【Ctrl】+【Q】键，将矩形转换为普通曲线，选择工具箱中的【形状】工具，结合工具属性栏上的相关命令，参照图 5-33 所示，调整矩形的形状，鼠标左键单击调色板中的白色为其填充色彩，效果如图 5-34 所示。

图 5-33

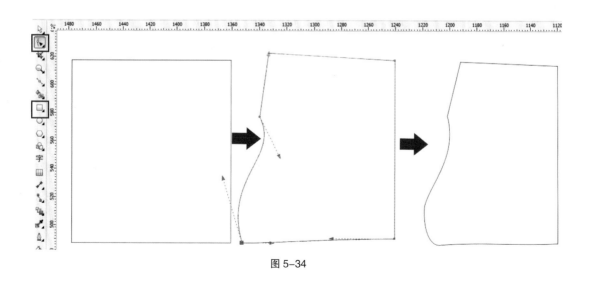

图 5-34

（2）选择工具箱中的【贝塞尔】工具，在相应位置绘制两个图形，填充为黄色和灰色，加选两个图形，按下键盘上的【Shift】+【Page Down】键，将其置于底层，效果如图 5-35 所示。

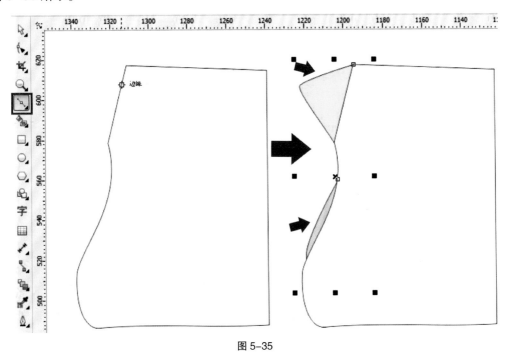

图 5-35

（3）同上方法，绘制两条曲线，效果如图 5-36 所示。

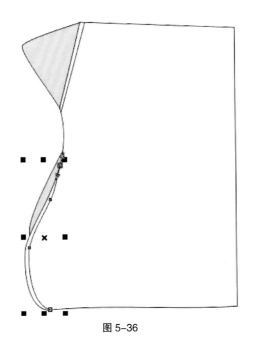

图 5-36

（4）选择工具箱中的【选择】工具，分别选中三个闭合图形，打开调色板，分别为其填充"白色"和"橘红色"（C：0、M：40、Y：100、K：0），效果如图 5-37 所示。

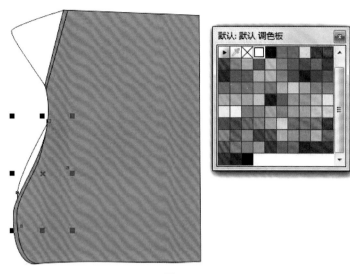

图 5-37

（5）选择工具箱中的【选择】工具，框选选中上步绘制的全部图形，按下键盘上的【Ctrl】键，在该图形组左中控制点按下鼠标左键，向右拖拉，在不松开鼠标左键的情况下，单击鼠标右键，释放鼠标左键，镜像再制该图形组，利用键盘上的方向键适度调整两组图形之间的位置关系，效果如图 5-38 所示。

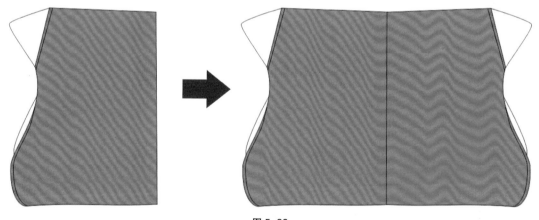

图 5-38

（6）选择工具箱中的【选择】工具，按下键盘上的【Shift】键，加选选中左部和右部橘红色图形（其他图形不在加选范围之内），执行工具属性栏上的【合并】命令，将两个图形合并为一个，效果如图 5-39 所示。

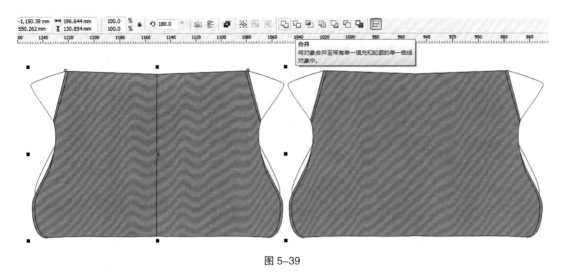

图 5-39

⑺ 选择工具箱中的【椭圆形】工具，按下键盘上的【Ctrl】键，在页面相应位置绘制两个中心重合的正圆形，选择工具箱中的【选择】工具，框选选中两个正圆形，执行工具属性栏上的【修剪】命令，点选内部黄色正圆形，按下键盘上的【Delete】键，删除该正圆形，效果如图 5-40 所示。

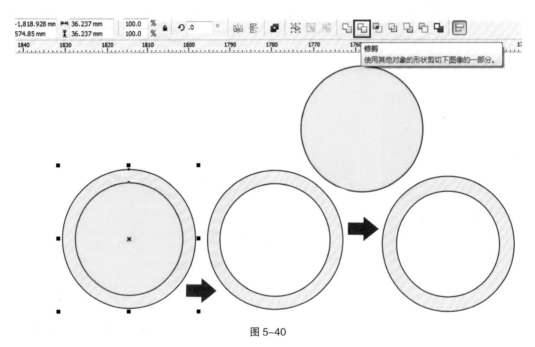

图 5-40

⑻ 选择工具箱中的【矩形】工具，结合工具属性栏中的相关命令，在页面相应位置绘制一个圆角矩形，选择工具箱中的【选择】工具，鼠标左键选中圆角矩形的四个边角控制点的任意一个控制点，按下键盘上的【Shift】键，当光标变为"X"时，按下鼠标左键，向内拖拉，在不松开鼠标左键的情况下单击鼠标右键，释放鼠标左键，向内再制同心圆角

矩形，分别点选两个圆角矩形，选择工具箱中的【渐变填充】工具，打开【渐变填充】对话框，设置相关参数和颜色，单击【确定】图标，确认操作，分别为两个圆角矩形填充渐变效果，如图5-41所示。

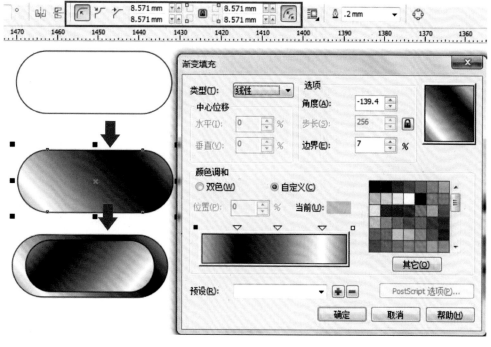

图 5-41

《9》同上方法，继续绘制圆角矩形，打开【渐变填充】对话框，设置相关参数和颜色，单击【确定】图标，确认操作，为圆角矩形填充渐变效果，如图5-42所示。

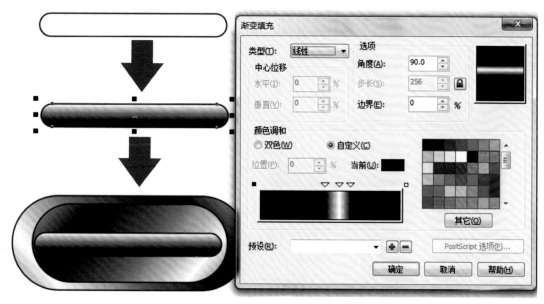

图 5-42

（10）选择工具箱中的【选择】工具，选中步骤（7）绘制的图形，选择工具箱中的【渐变填充】工具，打开【渐变填充】对话框，设置相关参数和颜色，单击【确定】图标，确认操作，为该图形填充渐变效果，如图5-43所示。

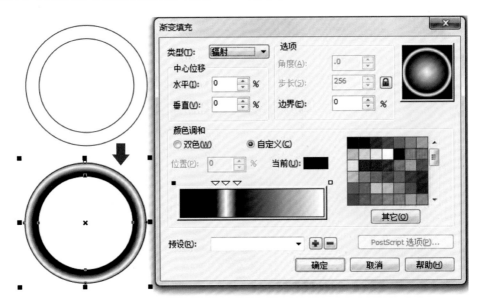

图 5-43

（11）选择工具箱中的【矩形】工具，在相应位置绘制一个矩形，结合工具属性栏中的相关命令，将该矩形上部两个角设置为直角，下部两个角设置为圆角，选择工具箱中的【选择】工具，鼠标左键选中该矩形的四个边角控制点的任意一个控制点，按下键盘上的【Shift】键，当光标变为"X"时，按下鼠标左键，向内拖拉，在不松开鼠标左键的情况下单击鼠标右键，释放鼠标左键，向内再制同心矩形，选择工具箱中的【形状】工具，分别选中内部的矩形上方的两个节点，按下键盘上的【Ctrl】+【G】键，将该矩形转换为正常曲线，调整其形状，效果如图5-44所示。

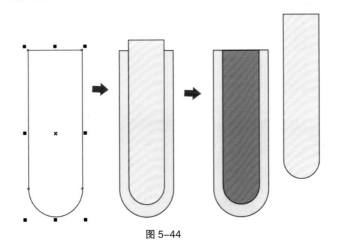

图 5-44

《12》选择工具箱中的【椭圆形】工具，按下键盘上的【Ctrl】键，在页面合适位置绘制一个正圆形，选择工具箱中的【渐变填充】工具，打开【渐变填充】对话框，设置相关参数及颜色，单击【确定】图标确认操作，效果如图 5-45 所示。

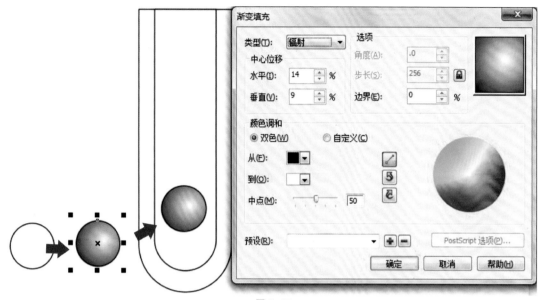

图 5-45

《13》选择工具箱中的【选择】工具，选中步骤（11）绘制的图形，再制该图形，调整其方向及上下关系，分别选中步骤（8）、（9）、（10）所绘制的图形，将其放置于相应的位置，调整其上下及大小关系，效果如图 5-46 所示。

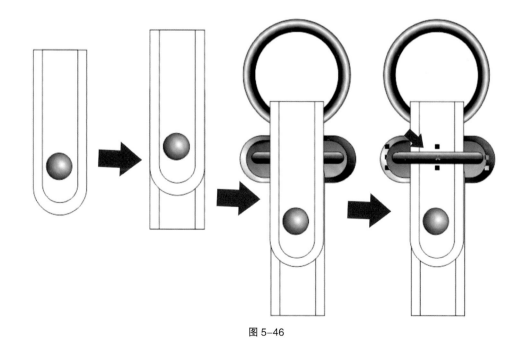

图 5-46

（14）选择工具箱中的【选择】工具，选择相应图形，填充色彩，按下键盘上的【Shift】键，加选选中缉明线图形，选择工具箱中的【轮廓笔】工具，打开【轮廓笔】对话框，设置缉明线图形的线宽及线条样式，效果如图 5-47 所示。

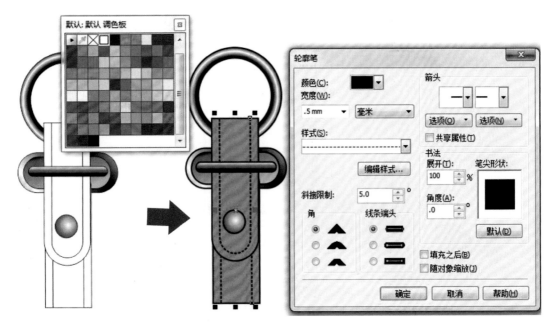

图 5-47

（15）选择工具箱中的【选择】工具，框选选中上步绘制的图形，调整其方向和大小，放置于相应位置，选择工具箱中的【形状】工具，调整该图形底部的形状，效果如图 5-48 所示。

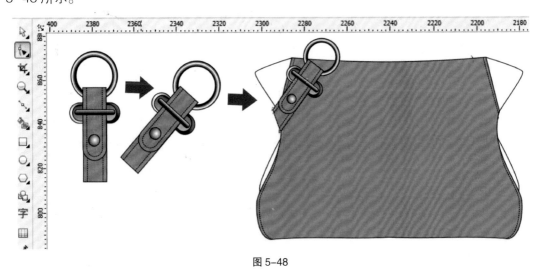

图 5-48

（16）选择工具箱中的【贝塞尔】工具，在页面相应位置绘制一条曲线，设置工具属性栏的【线宽】为 10.0mm，执行菜单栏上的【排列】/【将轮廓转换为对象】命令，将该曲线转换为闭合的图形，鼠标左键单击调色板上的白色，鼠标右键单击调色板上的黑色为其填充色彩，效果如图 5-49 所示。

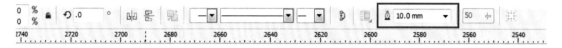

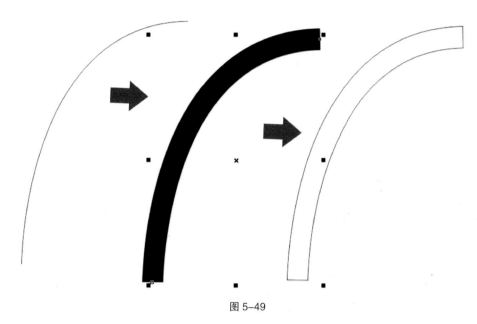

图 5-49

《17》选择工具箱中的【形状】工具，调整上步绘制图形的形状，选择工具箱中的【贝塞尔】工具，在相应的位置绘制一个图形，按下键盘上的【Shift】+【Page Down】键，将其置于底层，选择工具箱中的【选择】工具，选中并将其放置于合适的位置，效果如图 5-50 所示。

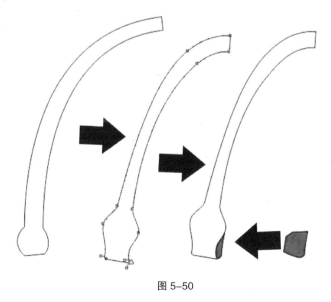

图 5-50

（18）选择工具箱中的【贝塞尔】工具，绘制三条曲线（女式提包包带上的缉明线对象），效果如图 5-51 所示。

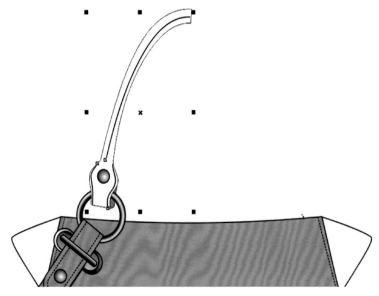

图 5-51

（19）选择工具箱中的【选择】工具，加选选中上步绘制的三条曲线，选择工具箱中的【轮廓笔】工具，打开【轮廓笔】对话框，设置三条曲线的线宽为 0.5mm，【样式】为虚线，单击【确定】图标确认设置，选择工具箱中的【选择】工具，加选选中包带图形，鼠标左键单击调色板中的"橘红色"（C：0、M：40、Y：100、K：0）为其上色，效果如图 5-52 所示。

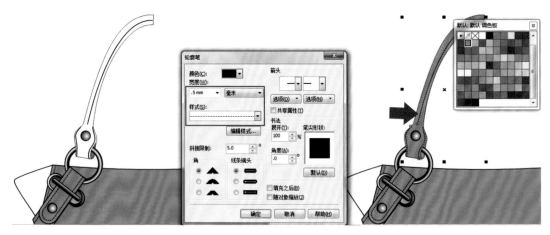

图 5-52

（20）选择工具箱中的【选择】工具，框选选中上步绘制的包带图形组，按下键盘上的【Ctrl】键，在该图形组左中控制点按下鼠标左键，向右拖拉，在不松开鼠标左键的情况下，单击鼠标右键，释放鼠标左键，镜像再制包袋图形组，利用键盘上的方向键适度调整两组图形之间的位置关系，效果如图 5-53 所示。

图 5-53

（21）选择工具箱中的【选择】工具，按下键盘上的【Shift】键，加选选中包带图形组中的左部和右部包带图形轮廓图形（其他图形不在加选范围之内），执行工具属性栏上的【合并】命令，将两个图形合并为一个，调整其他图形之间的上下关系，效果如图5-54 所示。

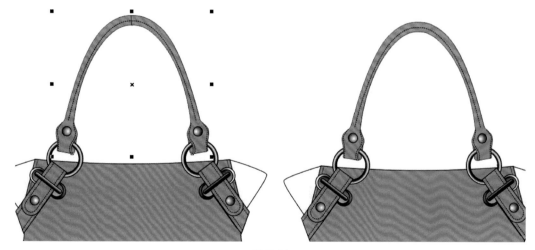

图 5-54

（22）选择工具箱中的【椭圆形】工具，在页面合适位置绘制两个同心椭圆形，选择工具箱中的【选择】工具，选中内部椭圆形，将其设置为虚线，选中外部的椭圆形，鼠标左键单击调色板中的"橘红色"（C：0、M：40、Y：100、K：0）为其上色，效果如图5-55 所示。

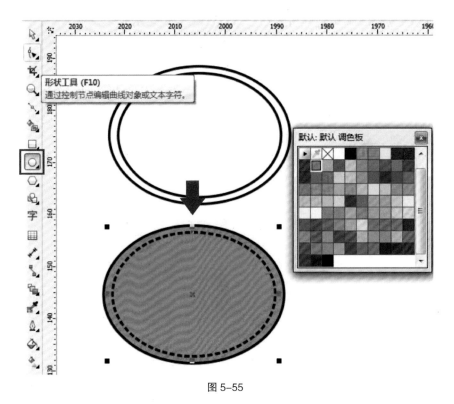

图 5-55

《23》选择工具箱中的【椭圆形】工具，在页面合适位置绘制两个同心椭圆形，选择工具箱中的【选择】工具，选中下方的椭圆形，鼠标左键单击调色板中的黑色为其上色，选中上方的椭圆形，选择工具箱中的【渐变填充】工具，打开【渐变填充】对话框，设置其相关参数与颜色，单击【确定】图标确认设置，效果如图 5-56 所示。

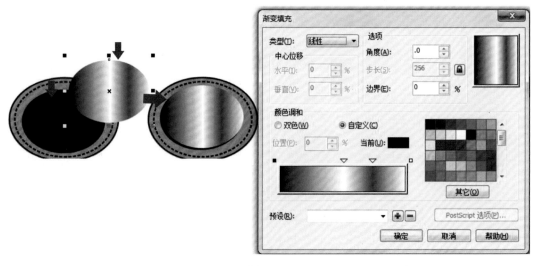

图 5-56

（24）选择工具箱中的【文本】工具，在页面空白处输入几个任意的大写英文字母，结合工具属性栏设置其字号及字体，选择工具箱中的【选择】工具，选中文字图形，按下鼠标左键，拖拉到相应位置在不松开鼠标左键的情况下，单击鼠标右键，释放鼠标左键，再制文字图形，选中上方再制后的文字图形，选择工具箱中的【渐变填充】工具，打开【渐变填充】对话框，参照图 5-57 所示，设置其相关参数与颜色。

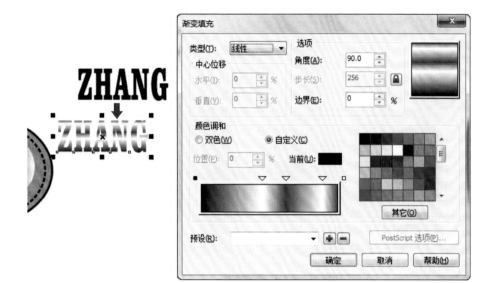

图 5-57

（25）选择工具箱中的【选择】工具，分别选中相应图形，调整图形之间的位置关系，效果如图 5-58 所示。

图 5-58

（26）选择工具箱中的【选择】工具，框选选中上步绘制的图形，放置于相应位置，效果如图 5-59 所示。

图 5-59

《27》选择工具箱中的【选择】工具，加选选中包带图形及配件，按下鼠标左键，拖拉到相应位置，在不松开鼠标左键的情况下，单击鼠标右键，释放鼠标左键，再制包带及配件图形，效果如图 5-60 所示。

《28》当上步再制图形处于选中的情况下，按下键盘上的【Shift】+【Page Down】键，将其置于顶层，使用键盘上的方向键，将其移动到合适位置，完成女式提包图形的绘制。效果如图 5-61 所示。

图 5-60

图 5-61

第四节

女式高跟鞋的绘制

女式高跟鞋图形的最终绘制完成效果如图 5-62 所示。

女式高跟鞋绘制步骤如下：

（1）选择工具箱中的【椭圆形】工具，在页面合适位置绘制一个椭圆形，按下键盘上的【Ctrl】+【Q】键，将椭圆形转换为普通曲线，选择工具箱中的【形状】工具，结合工具属性栏上的相关命令，调整其形状，鼠标左键单击调色板中的白色为其上色，效果如图 5-63 所示。

（2）选择工具箱中的【贝赛尔】工具，结合工具属性栏上的相关命令，绘制图形并用【形状】工具对其进行调整，鼠标左键单击调色板中的白色为其上色，效果如图 5-64 所示。

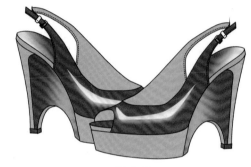

图 5-62

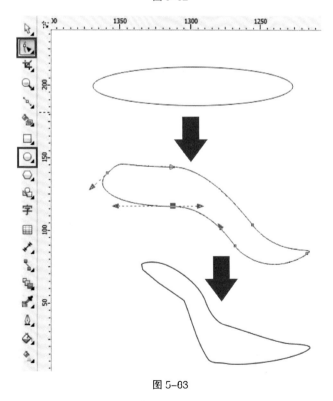

图 5-03

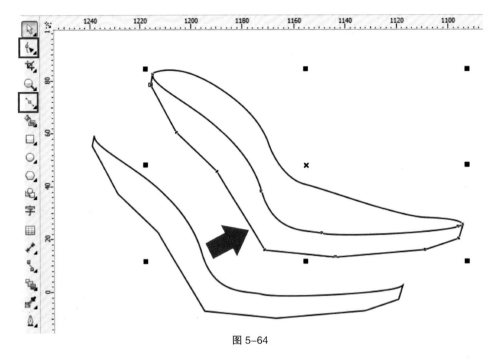

图 5-64

　　《3》选择工具箱中的【矩形】工具，在相应位置绘制一个矩形，按下键盘上的【Ctrl】+【Q】键，将矩形转换为普通曲线，选择工具箱中的【形状】工具，结合工具属性栏上的相关命令，调整其形状，鼠标左键单击调色板中的白色为其上色，效果如图 5-65 所示。

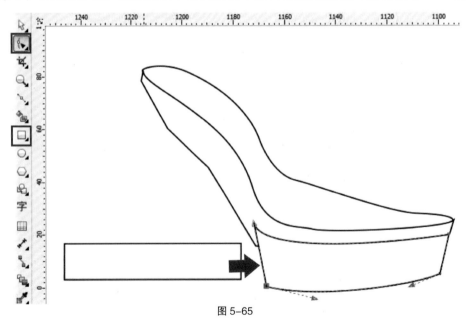

图 5-65

　　《4》同上方法继续绘制女式高跟鞋其他图形，效果如图 5-66 所示。

　　《5》同上方法继续绘制女式高跟鞋其他图形，效果如图 5-67 所示。

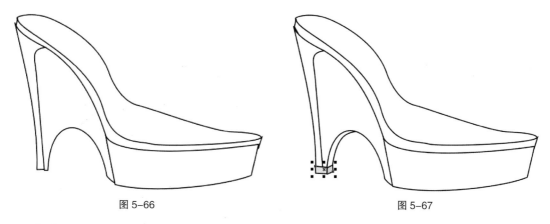

图 5-66   图 5-67

《6》同上方法继续绘制女式高跟鞋其他图形，效果如图 5-68 所示。

《7》同上方法继续绘制女式高跟鞋其他图形，调整图形之间的前后位置关系，效果如图 5-69 所示。

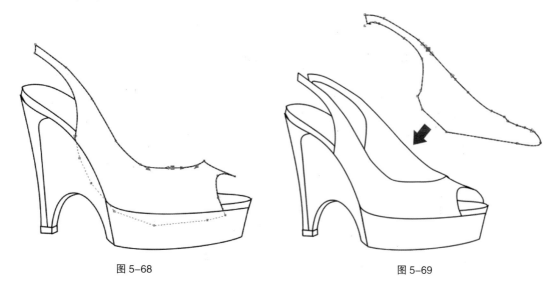

图 5-68   图 5-69

《8》同上方法继续绘制女式高跟鞋其他图形，效果如图 5-70 所示。

图 5-70

（9）同上方法继续绘制女式高跟鞋其他图形，调整图形之间的前后位置关系，效果如图5-71所示。

（10）选择工具箱中的【选择】工具，框选选中所有图形，按下键盘上的【F12】键，打开【轮廓笔】对话框，设置所有图形的线宽为0.5mm，选择工具箱中的【选择】工具，按下键盘上的【Shift】键，加选选中女式高跟鞋上的缉明线图形，按下键盘上的【F12】键，打开【轮廓笔】对话框，将缉明线图形设置为虚线，效果如图5-72所示。

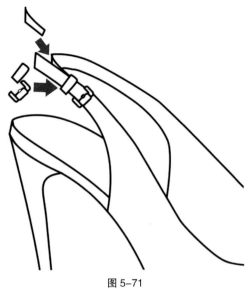

图 5-71

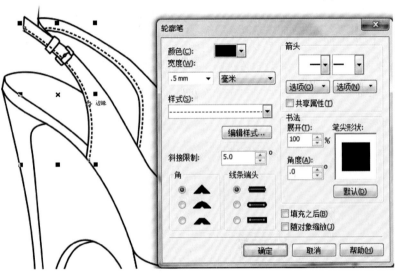

图 5-72

（11）选择工具箱中的【选择】工具，分别选中相应图形，为其上色，效果如图5-73所示。

（12）绘制高光效果①。

步骤一：选择工具箱中的【贝塞尔】工具，绘制高光图形，鼠标左键单击调色板中的白色，鼠标右键单击调色板上方的"X"形方框（作用：将对象的轮廓色设置为无），将其放置于相应的位置，效果如图5-74所示。

步骤二：再制上步绘制的高光图形，执行菜单栏上的【位图】/【转换为位图】命令，打开【转换为位图】对话框，设置【分辨率】为150dpi，单击【确定】图标确认操作，效果如图5-74所示。

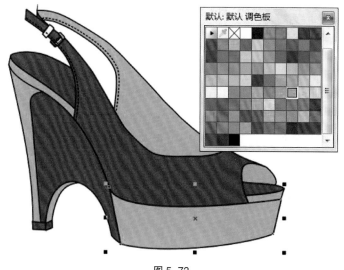

图 5-73

步骤三：选择工具箱中的【选择】工具，选中上步转换为位图的高光图形，执行菜单栏上的【位图】/【模糊】/【高斯式模糊】命令，打开【高斯式模糊】对话框，设置【半径】为 99.0 像素，单击【确定】图标确认操作，将该图形放置于相应的位置，效果如图5-74 所示。

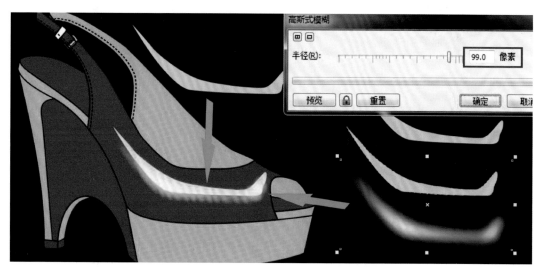

图 5-74

《13》绘制高光效果②。

步骤一：选择工具箱中的【椭圆形】工具，鼠标左键单击调色板中的白色，鼠标右键单击调色板上方的"X"形方框（作用：将对象的轮廓色设置为无），将其放置于相应的位置，效果如图 5-75 所示。

步骤二：选中上步绘制的椭圆形，执行菜单栏上的【位图】/【转换为位图】命令，打开【转换为位图】对话框，设置【分辨率】为 150dpi，单击【确定】图标确认操作，效果如图 5-75 所示。

步骤三：选择工具箱中的【选择】工具，选中上步转换为位图的椭圆形，执行菜单栏上的【位图】/【模糊】/【高斯式模糊】命令，打开【高斯式模糊】对话框，设置【半径】为 99.0 像素，单击【确定】图标确认操作，效果如图 5-75 所示。

步骤四：再制上步绘制的高光图形，分别选中两个高光图形，执行菜单栏上的【效果】/【图框精确裁剪】/【置于图文框内】命令，鼠标光标在相应图形上单击，将高光图形填入相应的图形中，效果如图 5-75 所示。

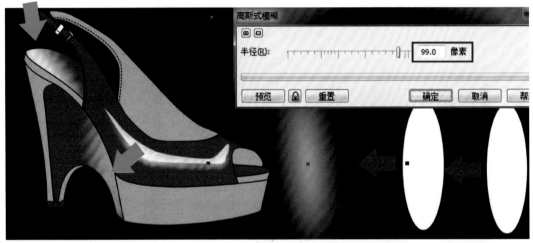

图 5-75

《14》选择工具箱中的【选择】工具，框选选中所有图形，按下鼠标左键拖拉其到合适位置，在不松开鼠标左键的情况下，单击鼠标右键，释放鼠标左键，再制图形，执行工具属性栏上的【水平镜像】命令，将再制出来的图形水平镜像旋转，选择工具箱中的【选择】工具，调整图形之间的位置关系，完成女式高跟鞋图形的绘制，效果如图 5-76 所示。

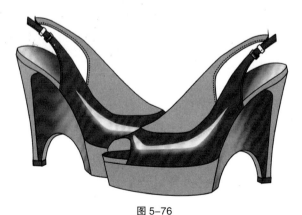

图 5-76

第六章
女式服装的绘制

第一节

女式 T 恤的绘制

女式 T 恤绘制最终完成效果如图 6-1 所示。

图 6-1

女式 T 恤的绘制步骤如下：

《1》 打开 CorelDRAW X6 软件，执行菜单栏中的【文件】/【新建】命令，或者使用【Ctrl】+【N】组合快捷键，新建一个空白页，设定纸张大小为"A4"，横向摆放，如图 6-2 所示。

图 6-2

《2》 绘制女式 T 恤的衣身图形。

步骤一：选择工具箱中的【矩形】工具，在合适的位置绘制一个合适的矩形，单击工具属性栏中的【转换为曲线】命令，把矩形转换为普通曲线（也可选择工具箱中的【贝塞尔】工具，在合适的位置直接进行绘制，但要注意一定要把对象绘制成闭合图形），效果如图 6-3 所示。

步骤二：选择工具箱中的【形状】工具，结合工具属性栏中的相关命令对矩形进行调整，得到需要的形状，效果如图 6-3 所示。

《3》 用同上的方法绘制女式 T 恤的袖子图形，此处不再赘述，当该图形绘制完成后，在该图形处于选中的情况下，调整其位置，按下键盘上的【Shift】+【Page Down】键，把该图形放置于底层，效果如图 6-4 所示。

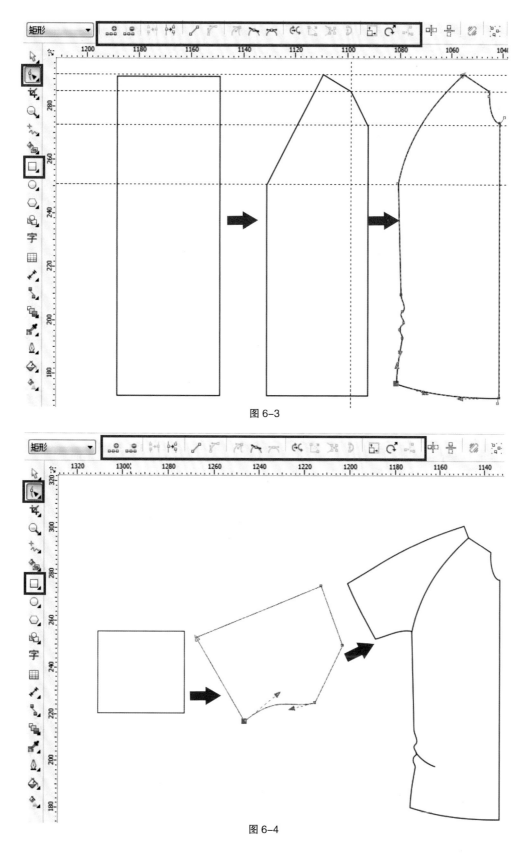

图 6-3

图 6-4

《4》 用同上的方法绘制女式 T 恤的领子图形，此处不再赘述，效果如图 6-5 所示。

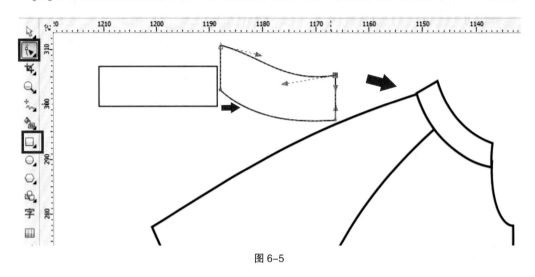

图 6-5

《5》 绘制女式 T 恤的缉明线及服装褶皱线图形。

步骤一：选择工具箱中的【贝塞尔】工具，在合适的位置绘制女式 T 恤的缉明线及服装褶皱线图形，效果如图 6-6 所示。

步骤二：选择工具箱中的【选择】工具，按下键盘上的【Shift】键，加选选中袖口及领口位置的缉明线图形，按下键盘上的【F12】键，打开【轮廓笔】对话框，设置【宽度】为 0.4mm，设置【样式】为虚线，单击【确定】，确认线条的设置，效果如图 6-6 所示。

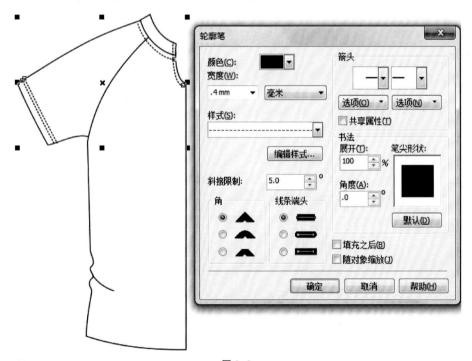

图 6-6

《6》选择工具箱中的【选择】工具，框选女式 T 恤的全部图形，按下键盘上的【Ctrl】键，鼠标左键选中对象的左中控制点，按下鼠标左键不放，向右进行拖拉，当右方出现一个镜像的蓝色轮廓对象时，在不松开鼠标左键的情况下，单击鼠标右键，然后释放鼠标左键，镜像再制对象，效果如图 6-7 所示。

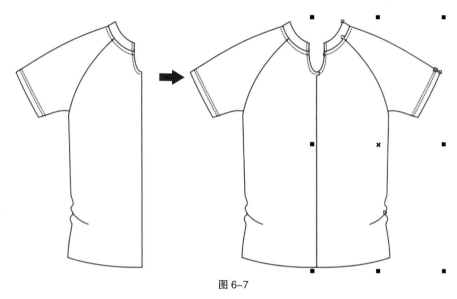

图 6-7

《7》选择工具箱中的【选择】工具，按下键盘上的【Shift】键，加选选中服装左部衣片和右部衣片轮廓图形（注：只是选中衣片图形的外轮廓图形，衣片图形上的褶皱线不必选中），执行工具属性栏中的【合并】命令，焊接两个图形为一个图形，效果如图 6-8 所示。

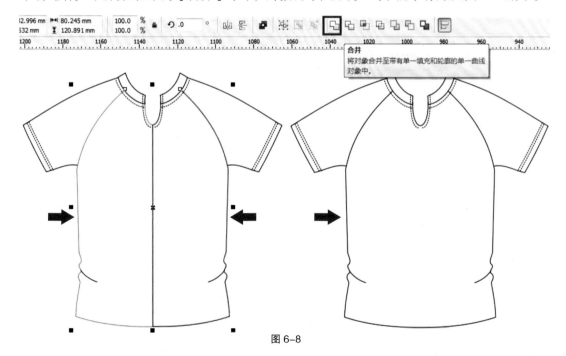

图 6-8

《8》绘制女式 T 恤的衣领后部图形。

步骤一：同步骤（1）的方法绘制女式 T 恤的衣领后部图形，并调整图形的前后位置关系，效果如图 6-9 所示。

步骤二：选择工具箱中的【贝塞尔】工具，在合适的位置直接绘制女式 T 恤的衣领后部图形上的缉明线，按下键盘上的【F12】键，打开【轮廓笔】对话框，设置【宽度】为 0.4mm，设置【样式】为虚线，单击【确定】，确认线条的设置，设置图形之间的上下位置关系，效果如图 6-9 所示。

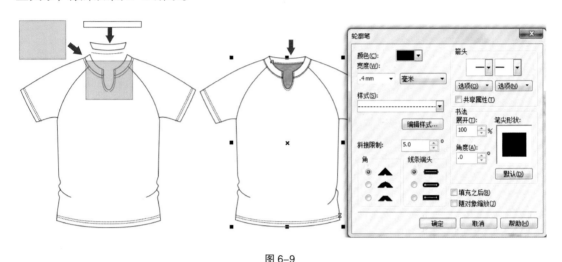

图 6-9

《9》填充女式 T 恤款式图形的色彩。

步骤一：选择工具箱中的【选择】工具，框选女式 T 恤的衣身图形，执行菜单栏上的【窗口】/【调色板】/【PANTONE® Goe™ coated】命令，打开【PANTONE® Goe™ coated】调色板，鼠标左键单击调色板上的"100 % PANTONE 14-1-2 C"色，为选中图形上色，效果如图 6-10 所示。

步骤二：选择工具箱中的【选择】工具，框选选中女式 T 恤的衣袖及领部图形，鼠标左键单击"默认调色板"上的"粉蓝色"（C：20、M：20、Y：0、K：0），为选中图形上色，效果如图 6-10 所示。

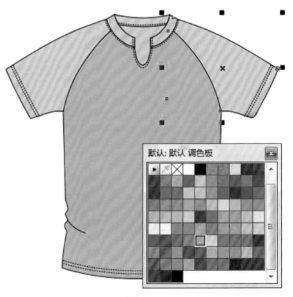

图 6-10

（10）制作边界效果。

选择工具箱中的【选择】工具，框选所有图形，执行工具属性栏上的【创建边界】命令，创造一个围绕使用图形外部轮廓建立的新图形。选中该图形，按下键盘上的【F12】键，打开【轮廓笔】对话框，设置轮廓线宽度为 1mm，单击【确定】完成轮廓线线宽设置。在该图形处于选中的情况下，按下键盘上的【Shift】+【Page Down】键，把该图形放置于底层，效果如图 6-11 所示。

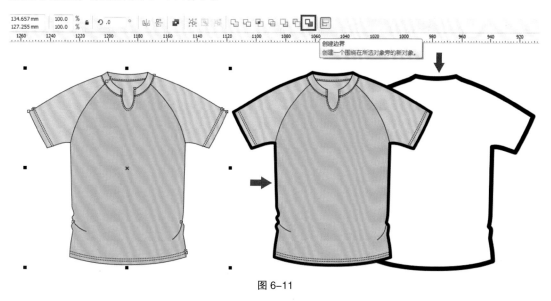

图 6-11

（11）绘制印花图案。

步骤一：导入已经绘制好的印花图案（位图），执行菜单栏中的【位图】/【位图颜色遮罩】命令，打开【位图颜色遮罩】对话框，设置隐藏图案上的灰色背景，方法如下。

① 在【隐藏颜色】命令前方"O"形图标上单击。

② 在中部色条的顶部颜色条前部"□"图标上单击，使"□"图标中出现"√"图标。

③ 单击选中【选择颜色】（吸管）图标。

④ 在导入图案的灰色背景处单击鼠标左键，选中该颜色。

⑤ 设置【颜色容差】为 20，单击【应用】，确认删除所选颜色，效果如图 6-12 所示。

步骤二：选择工具箱中的【选择】工具，选中图案图形，调整该图形的大小及位置，效果如图 6-12 所示。

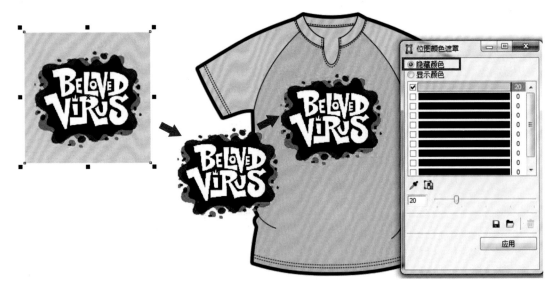

图 6-12

（12） 女式 T 恤的图形最终完成效果如图 6-13 所示。

图 6-13

第二节

女式羽绒服的绘制

女式羽绒服的绘制最终完成效果如图 6-14 所示。

女式羽绒服的绘制步骤如下：

（1）打开 CorelDRAW X6 软件，执行菜单栏中的【文件】/【新建】命令，或者使用【Ctrl】+【N】组合快捷键新建一个空白页，设定纸张大小为"A4"，横向摆放，如图 6-15 所示。

图 6-14

图 6-15

（2）绘制女式羽绒服的衣身图形。

步骤一：选择工具箱中的【矩形】工具，在合适的位置绘制一个合适的矩形，单击工具属性栏中的【转换为曲线】命令，把矩形转换为普通曲线（也可选择工具箱中的【贝塞尔】工具，在合适的位置直接进行绘制，但要注意一定要把对象绘制成闭合图形），效果如图 6-16 所示。

步骤二：选择工具箱中的【形状】工具，结合工具属性栏中的相关命令，对矩形进行调整，得到需要的形状，效果如图 6-16 所示。

（3）用同上的方法绘制女式羽绒服款式的袖子图形，此处不再赘述，当该图形绘制完成后，在该图形处于选中的情况下，调整其位置，按下键盘上的【Shift】+【Page Down】键，把该图形放置于底层，效果如图 6-17 所示。

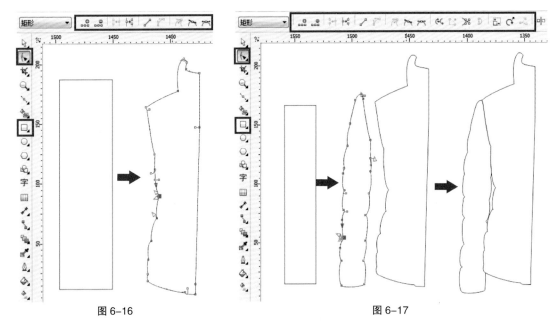

图 6-16　　　　　　　　　　　　　　　　图 6-17

《4》绘制女式羽绒服的绗缝线、缉明线及褶皱线。

步骤一：选择工具箱中的【贝塞尔】工具，逐一绘制女式羽绒服上的绗缝线、缉明线及褶皱线图形，效果如图 6-18 所示。

步骤二：选择工具箱中的【形状】工具，结合工具属性栏中的相关命令对上步绘制图形逐一进行调整，得到需要的形状，效果如图 6-18 所示。

《5》参照步骤（2）的方法绘制女式羽绒服的搭门，此处不再赘述，为方便观察，将该图形填充为白色，效果如图 6-19 所示。

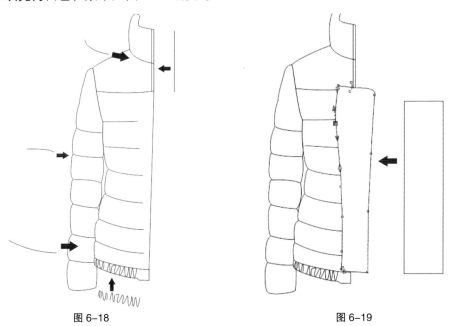

图 6-18　　　　　　　　　　　　　　　　图 6-19

《6》绘制女式羽绒服搭门上的绗缝及扣子图形。

步骤一：参照步骤（3）的方法绘制女式羽绒服搭门上的绗缝图形，此处不再赘述，效果如图 6-20 所示。

步骤二：选择工具箱中的【椭圆形】工具，按下键盘上的【Ctrl】键，单击拖拉到页面合适位置绘制一个正圆形，鼠标左键在调色板上的白色处单击，为该图形上色，效果如图 6-20所示。

步骤三：鼠标左键选择上步绘制的正圆形，按下鼠标左键拖拉该图形到合适的位置，在不松开鼠标左键的情况下单击鼠标右键，然后释放鼠标左键再制

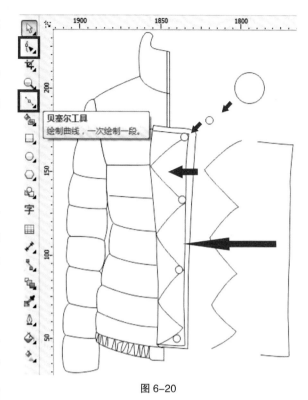

图 6-20

该图形。放置于合适的位置，重复此步骤绘制余下的扣子图形，效果如图 6-20 所示。

步骤四：选择工具箱中的【选择】工具、按下键盘上的【Shift】键，耐心加选服装上的所有绗缝线图形，按下键盘上的【F12】键，打开【轮廓笔】对话框，设置【线宽】为 0.5mm，设置线条【样式】为虚线，按下【确定】图标，确认线条的设置，效果如图6-20 所示。

《7》绘制女式羽绒服的毛领图形。

步骤一：选择工具箱中的【矩形】工具，在合适的位置绘制一个合适的矩形，单击工具属性栏中的【转换为曲线】命令，把矩形转换为普通曲线（也可选择工具箱中的【贝塞尔】工具，在合适的位置直接进行绘制，但要注意一定要把对象绘制成闭合图形），效果如图 6-21 所示。

步骤二：选择工具箱中的【形状】工具，结合工具属性栏中的相关命令对矩形进行调整，得到需要的形状，效果如图 6-21 所示。

步骤三：选择工具箱中的【选择】工具，选中上步绘制的女式羽绒服的毛领图形，单击工具箱中的【变形】工具，单击选中工具属性栏上的【拉链变形】、【随机变形】、【平滑变形】与【局限变形】图标，设置【拉链振幅】为 9，设置【拉链频率】为 15，单击键盘上的【Enter】键，确认变形，效果如图 6-21 所示。

步骤四：在该图形处于选中的情况下，单击调色板上的白色，为其填充色彩，调整其位置，效果如图 6-21 所示。

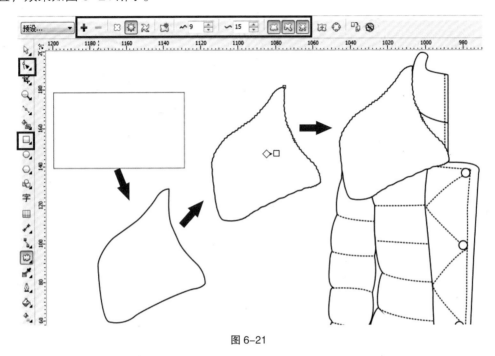

图 6-21

⑧ 同上方法继续绘制女式羽绒服的下摆及袖口的裘皮效果，效果如图 6-22 所示。

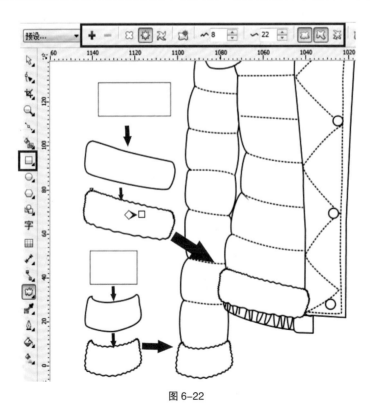

图 6-22

《9》镜像再制图形。

步骤一：选择工具箱中的【选择】工具，框选上步绘制的全部图形，按下键盘上的【Ctrl】键，鼠标左键选中对象的左中控制点，按下鼠标左键不放，向右进行拖拉，当右方出现一个镜像的蓝色轮廓对象时，在不松开鼠标左键的情况下，单击鼠标右键，然后释放鼠标左键，镜像再制对象，效果如图 6-23 所示。

步骤二：当再制对象处于选中的情况下，按下键盘上的【Shift】+【Page Down】键，把该图形置于底层，然后多次单击键盘上的向左方向键，移动该图形到合适位置，效果如图 6-23 所示。

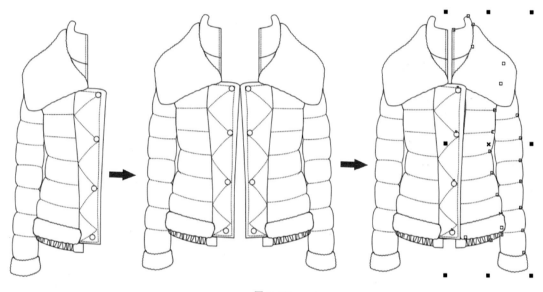

图 6-23

《10》绘制女式羽绒服的衣领后部图形。

步骤一：首先绘制领子后部图形，选择工具箱中的【矩形】工具，在合适的位置绘制一个合适的矩形，单击工具属性栏中的【转换为曲线】命令，把矩形转换为普通曲线（也可选择工具箱中的【贝塞尔】工具，在合适的位置直接进行绘制，但要注意一定要把对象绘制成闭合图形），效果如图 6-24 所示。

步骤二：选择工具箱中的【形状】工具，结合工具属性栏中的相关命令对矩形进行调整，得到需要的形状，效果如图 6-24 所示。

步骤三：选择工具箱中的【贝塞尔】工具，在合适的位置直接进行绘制女式羽绒服的衣领后部图形上的结构线及褶皱线图形，待绘制结束后，框选选中本步骤绘制的所有图形，按下键盘上的【Shift】+【Page Down】键，将对象放置于底层，适度调整对象的位置，效果如图 6-24 所示。

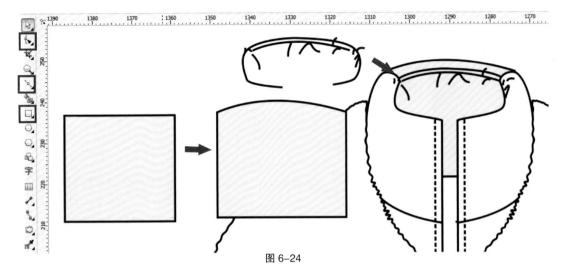

图 6-24

（11）选择工具箱中的【选择】工具，按下键盘上的【Shift】键，加选除裘皮图形以外的所有图形，鼠标左键单击调色板上的"深紫色"（C：20、M：40、Y：0、K：60），为选中图形上色，效果如图 6-25 所示。

图 6-25

（12）绘制女式羽绒服的拉链图形。因为拉链图形的画法在前面章节中已经讲过，所以此次不再赘述，直接复制已经绘制好的拉链图形，执行菜单栏上的【排列】/【顺序】/【置于此对象后】命令，当鼠标光标变为大的黑色向右箭头时，在右部衣身图形上单击，调整该图形的前后位置关系，效果如图 6-26 所示。

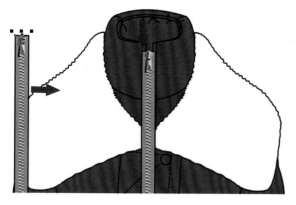

图 6-26

（13）女式羽绒服的绘制最终完成效果如图 6-27 所示。

图 6-27

第三节

女式休闲棉服的绘制

女式休闲棉服的绘制最终完成效果如图 6-28 所示。

女式休闲棉服的绘制步骤如下：

《1》 打开 CorelDRAW X6 软件，执行菜单栏中的【文件】/【新建】命令，或者使用【Ctrl】+【N】组合快捷键，新建一个空白页，设定纸张大小为"A4"，横向摆放，如图 6-29 所示。

《2》 绘制女式休闲棉服的衣身及袖身图形。

图 6-28

图 6-29

步骤一：选择工具箱中的【矩形】工具，在合适的位置绘制一个合适的矩形，单击工具属性栏中的【转换为曲线】命令，把矩形转换为普通曲线（也可选择工具箱中的【贝塞尔】工具，在合适的位置直接进行绘制，但要注意一定要把对象绘制成闭合图形），效果如图 6-30 所示。

步骤二：选择工具箱中的【形状】工具，结合工具属性栏中的相关命令对矩形进行调整，得到需要的形状，效果如图 6-30 所示。

步骤三：同上方法继续绘制袖身及袖口图形，效果如图 6-30 所示。

《3》 以同上方法继续绘制袋盖及搭门图形，效果如图 6-31 所示。

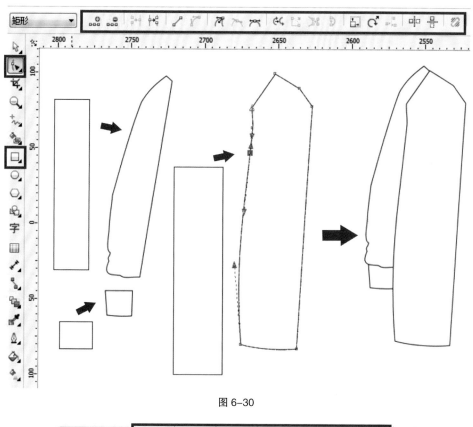

图 6-30

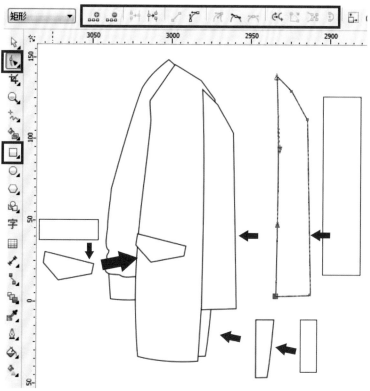

图 6-31

《4》以同上方法继续绘制口袋及帽子等图形，效果如图 6-32 所示。

《5》选择工具箱中的【贝塞尔】工具，在合适的位置直接绘制帽子上的褶皱线，选择工具箱中的【形状】工具，结合工具属性栏中的相关命令对褶皱线进行调整，得到需要的形状，效果如图 6-33 所示。

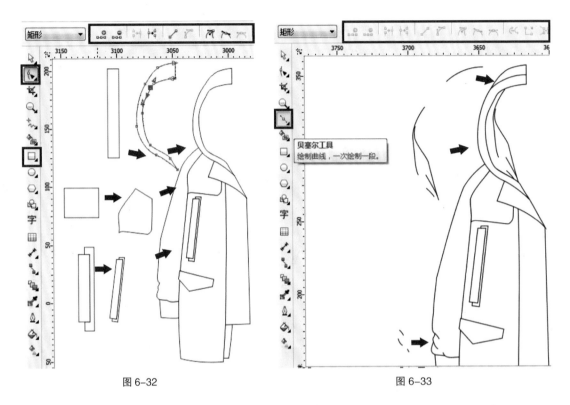

图 6-32

图 6-33

《6》以同上方法继续绘制女式休闲棉服上的缉明线、结构线及褶皱线，效果如图 6-34 所示。

《7》选择工具箱中的【选择】工具，按下键盘上的【Shift】键，加选选中女式休闲棉服的所有缉明线图形，按下键盘上的【F12】键，打开【轮廓笔】对话框，设置【宽度】为 0.4mm，设置【样式】为虚线，单击【确定】，确认线条的设置，效果如图 6-35 所示。

《8》绘制女式休闲棉服袖口上的罗纹图形。

步骤一：选择工具箱中的【贝塞尔】工具，在页面中绘制一条垂直线，按下鼠标左键，不松开鼠标左键，拖拉鼠标到合适位图，单击鼠标右键，释放鼠标左键，复制该条垂直线图形，效果如图 6-36 所示。

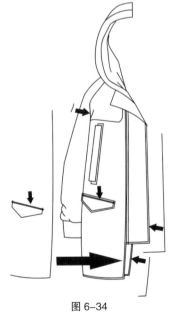

图 6-34

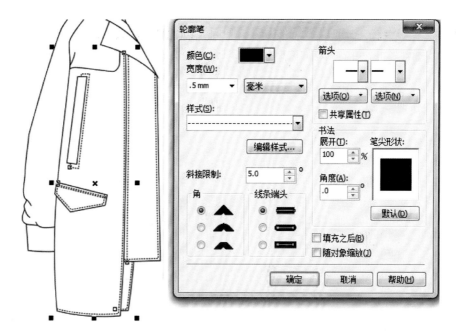

图 6-35

步骤二：选择工具箱中的【调和】工具，在第一根垂直线按下鼠标左键，拖拉至第二根垂直线，释放鼠标，设置工具属性栏【调和对象】的步长数为 20，按下键盘上的【Enter】键，确认对象之间的调和，效果如图 6-36 所示。

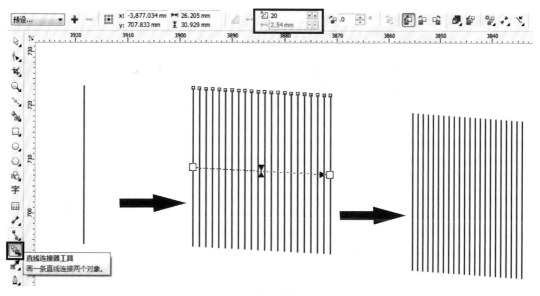

图 6-36

《9》选择工具箱中的【选择】工具，选中上步绘制的罗纹图形，执行菜单栏上的【效果】/【图框精确裁剪】/【置于文本框内部】命令，当鼠标光标变为大的黑色向右箭头时，在女式休闲棉服图形左部袖口单击，将罗纹图形填充于袖口图形内部，效果如图 6-37 所示。

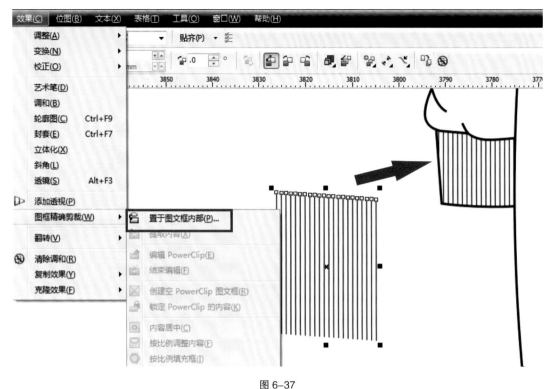

图 6-37

（10）绘制扣襻图形。

步骤一：选择工具箱中的【椭圆形】工具，在页面合适的位置绘制一个椭圆形，按下键盘上的【Ctrl】+【G】键，转换椭圆形为曲线，效果如图 6-38 所示。

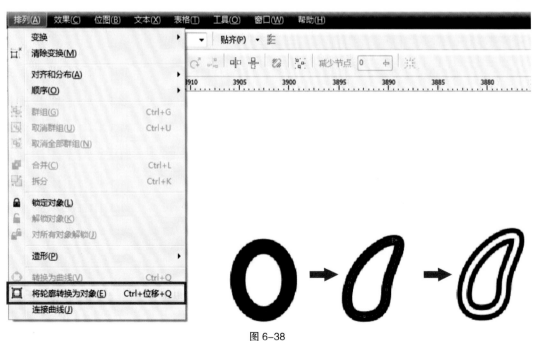

图 6-38

步骤二：选择工具箱中的【贝塞尔】工具，参照图 6-38 所示，调整椭圆形的形状。

步骤三：选择工具箱中的【选择】工具，选中该图形，按下键盘上的【F11】键，打开【轮廓笔】对话框，设置轮廓线宽度为 2mm，单击【确定】完成轮廓线线宽设置，鼠标左键单击调色板中的白色，右键单击调色板中的黑色，为其上色，效果如图 6-38 所示。

⑪ 绘制牛角扣图形。

步骤一：分别选择工具箱中的【矩形】工具与【椭圆形】工具，参照图 6-39 所示，绘制一个矩形、一个圆角矩形和一个椭圆形。

步骤二：选择工具箱中的【选择】工具，选中上步绘制的矩形，按下键盘上的【Ctrl】+【G】键，转换矩形为曲线，选择工具箱中的【形状】工具，结合工具属性栏中的相关命令对矩形进行调整，得到需要的形状，效果如图 6-39 所示。

步骤三：选择工具箱中的【选择】工具，框选上步绘制的牛角扣扣身图形、圆角矩形和椭圆形，鼠标右键单击调色板上的白色，把这三个图形填充为白色，调整其位置及大小方向，得到需要牛角扣图形，效果如图 6-39 所示。

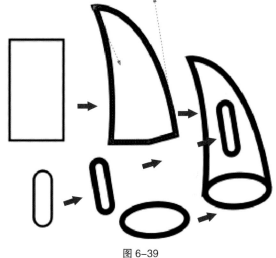

图 6-39

⑫ 绘制圆形塑胶扣子图形。

步骤一：选择工具箱中的【椭圆形】工具，按下键盘上的【Ctrl】键，按下鼠标左键在合适的位置拖拉绘制两个正圆形，效果如图 6-40 所示。

步骤二：工具箱中的【矩形】工具，在合适的位置拖拉绘制两个圆角矩形，效果如图 6-40 所示。

步骤三：选择工具箱中的【选择】工具，框选上步绘制的两个正圆图形及两个圆角矩形，鼠标右键单击调色板上的白色，把这四个图形填充为白色，调

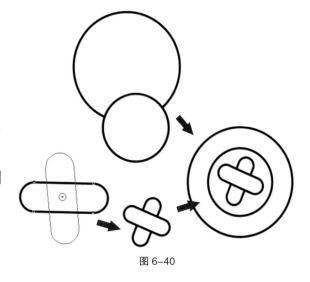

图 6-40

整其位置及大小方向得到需要塑胶扣子图形，效果如图 6-40 所示。

（13）复制、调整扣襻及扣子图形。

步骤一：选择工具箱中的【选择】工具，选中步骤（10）绘制的扣襻图形，调整其方向、大小，按下鼠标左键将该图形拖拉到合适位置，在不松开鼠标左键的情况下，单击鼠标右键，复制该图形，效果如图 6-41 所示。

步骤二：将复制得到的图形放置于合适的位置后，执行菜单栏上的【排列】/【顺序】/【置于此对象后】命令，当光标变为大的向右黑色方向键时，在现有调整前后位置的上部图形上单击，将扣襻图形放置于合适的位置，选中扣襻图形，适当调整其位置及方向、大小，效果如图 6-41 所示。

步骤三：选择工具箱中的【选择】工具，选中上步绘制的塑胶扣子图形，按下鼠标左键将该图形拖拉到合适位置，在不松开鼠标左键的情况下，单击鼠标右键，复制该图形，调整其大小，按下鼠标左键将该图形拖拉到合适位置，效果如图 6-41 所示。

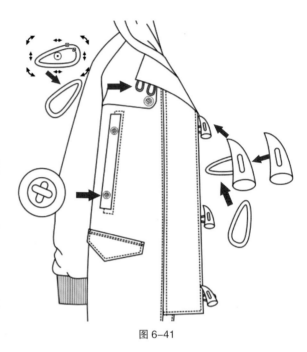

图 6-41

（14）再制衣身图形。

步骤一：选择工具箱中的【选择】工具，框选全部衣身图形，选中衣身图形左中控制点，按下键盘上的【Ctrl】键，按下鼠标左中控制点不松开向右拖拉，当右部出现一个蓝色镜像图形时，在不松开鼠标左键的情况下，单击鼠标右键，镜像再制衣身图形，效果如图 6-42 所示。

步骤二：在上步镜像再制的衣身图形处于选中的情况下，按下键盘上的【Shift】+【Page Down】键，把该图形调整到左部衣身图形的下方，按下键盘上的向右方向键，把该图形调整到合适的位置，效果如图 6-42 所示。

（15）选择工具箱中的【选择】工具，选中右部衣身的多余图形，按下键盘上的【Delete】键，删除选中图形，效果如图 6-43 所示。

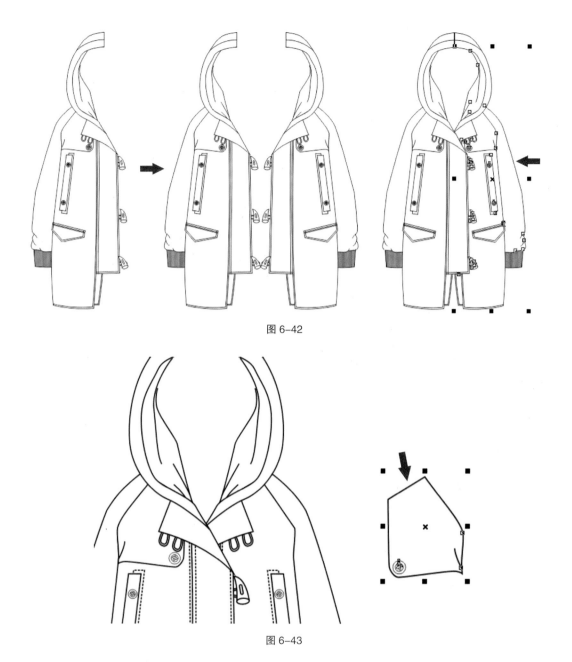

图 6-42

图 6-43

〖13〗调整右部门襟上部牛角扣图形。

步骤一：选择工具箱中的【选择】工具，选中右部门襟上部的扣襻图形，按下键盘上的【Delete】键，删除选中图形，效果如图 6-44 所示。

步骤二：选择工具箱中的【选择】工具，按下键盘上的【Shift】键，加选选中牛角扣图形，按下鼠标左键将该图形拖拉到合适位置，在不松开鼠标左键的情况下，单击鼠标右键，复制该图形，将该图形放置于合适的位置，效果如图 6-44 所示。

步骤三：在牛角扣图形处于选中的情况下，执行菜单栏上的【排列】/【顺序】/【置于此对象后】命令，当光标变为大的向右黑色方向键时，在右部衣身门襟图形上单击，将牛角扣图形放置于右部衣身门襟图形的下方，效果如图 6-44 所示。

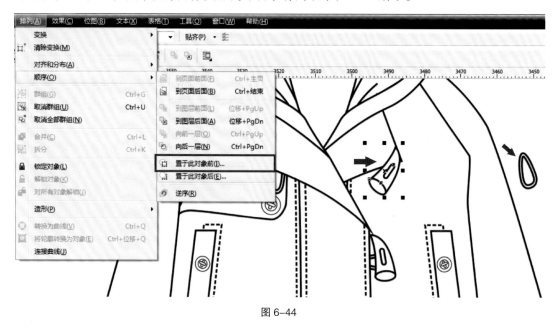

图 6-44

《⒄》合并服装帽子图形。

选择工具箱中的【选择】工具，按下键盘上的【Shift】键，加选选中左部衣身和右部衣身上的帽子图形（注：不加选帽子图形上的褶皱线图形），鼠标左键单击工具属性栏上的【合并】命令，合并加选图形，效果如图 6-45 所示。

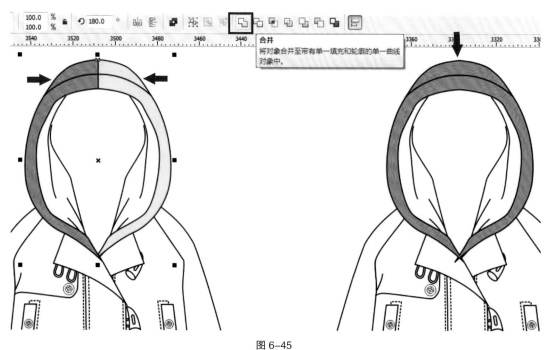

图 6-45

《18》处理帽子图形的细节。

选择工具箱中的【形状】工具，结合工具属性栏中的相关命令对帽子图形上的细节进行调整，得到需要的形状，效果如图 6-46 所示。

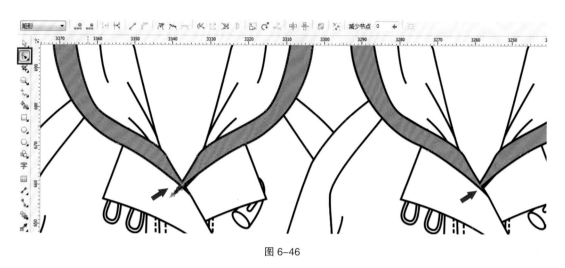

图 6-46

《19》绘制衣身后部图形。

步骤一：选择工具箱中的【贝塞尔】、【矩形】工具绘制衣身后部图形，结合工具箱中的【形状】工具，结合工具属性栏中的相关命令对图形进行调整，得到需要的形状，效果如图 6-47 所示。

步骤二：框选上步绘制的衣身后部图形，鼠标左键单击调色板上的任意色，为这三个图形填充色彩，按下键盘上的【Shift】+【Page Down】键，把该图形调整到衣身图形的下方。选择工具箱中的【选择】工具，分别选中衣身后部图形，把图形调整到合适的位置，效果如图 6-47 所示。

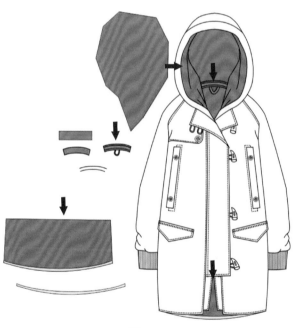

图 6-47

《20》绘制女式休闲棉服中的绗缝线图形①。

步骤一：选择工具箱中的【贝塞尔】工具，在页面中绘制一条水平线，按下鼠标左键，不松开鼠标左键，拖拉鼠标到合适位图，单击鼠标右键，释放鼠标左键，复制该水平线图形，效果如图 6-48 所示。

步骤二：选择工具箱中的【调和】工具，在第一根水平线处按下鼠标左键拖拉至第二根水平线，释放鼠标，设置工具属性栏【调和对象】的步长数为 20，按下键盘上的【Enter】键，确认对象之间的调和，效果如图 6-48 所示。

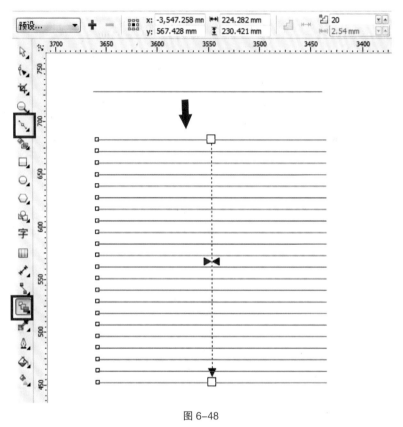

图 6-48

《21》绘制女式休闲棉服中的绗缝线图形②。

选择工具箱中的【选择】工具，框选上步绘制的图形，按下键盘上的【F12】键，打开【轮廓笔】对话框，设置线条对象【颜色】为灰色，设置【宽度】为 0.4mm，设置【样式】为虚线，单击【确定】以确认线条图形的效果，效果如图 6-49 所示。

《22》绘制女式休闲棉服中的绗缝线图形③。

在上步绘制图形处于选中的情况下，执行菜单栏上的【排列】/【变换】/【旋转】命令，打开【变换】对话框，设置变换角度为 90 度，设置【副本】为 1，单击【确定】以确定图形的设置，选择工具箱中的【选择】工具，调整其位置，效果如图 6-50 所示。

《23》绘制女式休闲棉服中的绗缝线图形④。

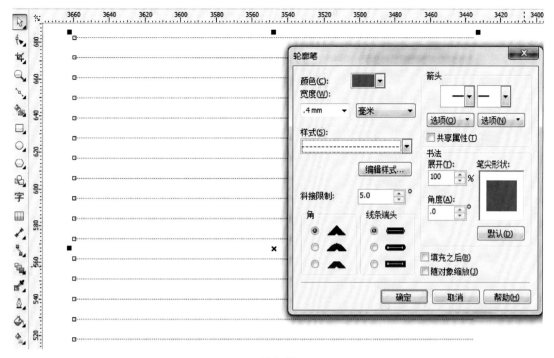

图 6-49

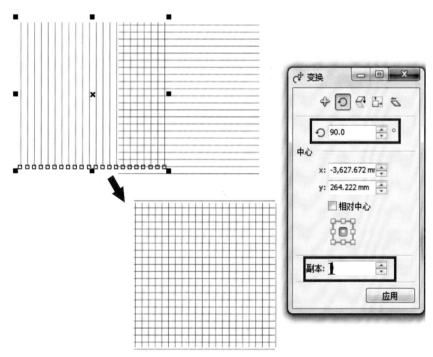

图 6-50

选择工具箱中的【选择】工具，框选上步绘制的两组线条图形，设置【变换】对话框参数如下：旋转角度为 45 度，副本为 0，单击【确定】以确定图形的设置，效果如图 6-51 所示。

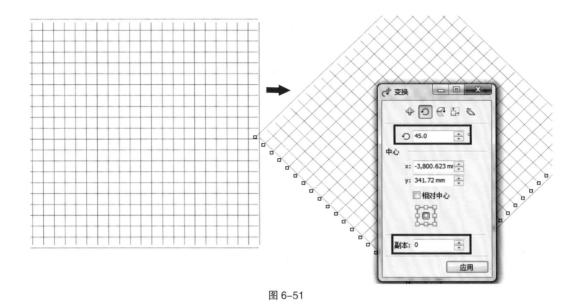

图 6-51

（24）绘制女式休闲棉服中的绗缝线图形⑤。

在上步图形处于选中的情况下，执行菜单栏上的【效果】/【图框精确裁剪】/【置于图文框内部】命令，当光标变为大的黑色向右方向键时，在左部衣身图形上单击，将绗缝线图形填入左部衣身图形中，效果如图 6-52 所示。

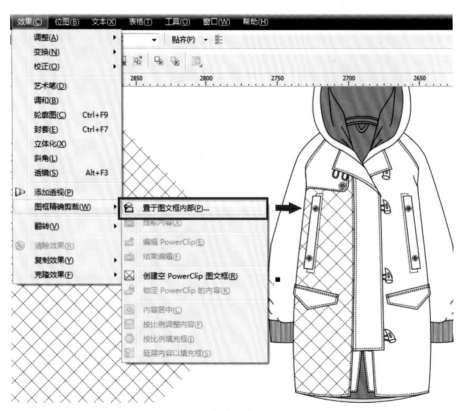

图 6-52

《25》绘制女式休闲棉服中的绗缝线图形⑥。

分别选中需要添加绗缝线的图形，执行菜单栏上的【效果】/【复制效果】/【图框精确裁剪】命令，当光标变为大的黑色向右方向键时，在上步填充绗缝线图形的衣身图形上单击，复制效果到该图形中，效果如图 6-53 所示。

《26》绘制女式休闲棉服中的绗缝线图形⑦。

为衣身填充绗缝线图形的效果，如图 6-54 所示。

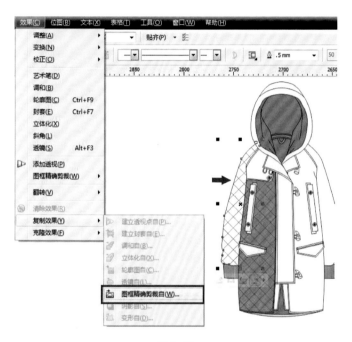

图 6-53

图 6-54

《27》绘制女式休闲棉服中的绗缝线图形⑧。

调整女式休闲棉服帽子图形中的绗缝线图形，选中女式休闲棉服帽子图形，执行菜单栏上的【效果】/【图框精确裁剪】/【编辑 PoweClip】命令，调整绗缝线图形到合适的位置。执行菜单栏上的【效果】/【图框精确裁剪】/【结束编辑】命令，确认修改，效果如图 6-55、图 6-56 所示。

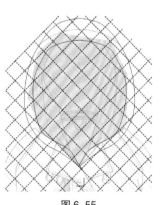

图 6-55

图 6-56

（28）为女式休闲棉服填充色彩。

选择工具箱中的【选择】工具，框选选中全部图形，鼠标左键单击调色板中的"灰蓝色"（C：20、M：0、Y：0、K：40），为选中图形上色，效果如图 6-57 所示。

（29）填充女式休闲棉服里子图形中的图案。

步骤一：导入在第四章第二节中绘制的印花面料对象。

图 6-57

步骤二：在四方连续图形处于选中的情况下，执行菜单栏上的【效果】/【图框精确裁剪】/【置于图文框内部】命令，当光标变为大的黑色向右方向键时，在左部衣身图形上单击，将四方连续图形填入衣身帽子后部图形中，效果如图 6-58 所示。

步骤三：选中需要添加四方连续图形的服装后片图形，执行菜单栏上的【效果】/【复制效果】/【图框精确裁剪】命令，当光标变为大的黑色向右方向键时，在上步填充四方连续图形的衣身后部帽子图形上单击，复制效果到该图形中，完成女式休闲棉服的绘制，效果如图 6-58 所示。

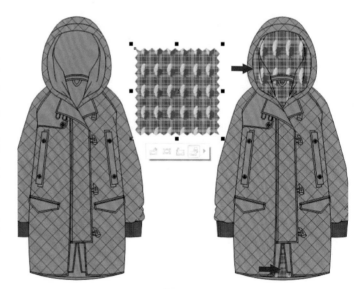

图 6-58

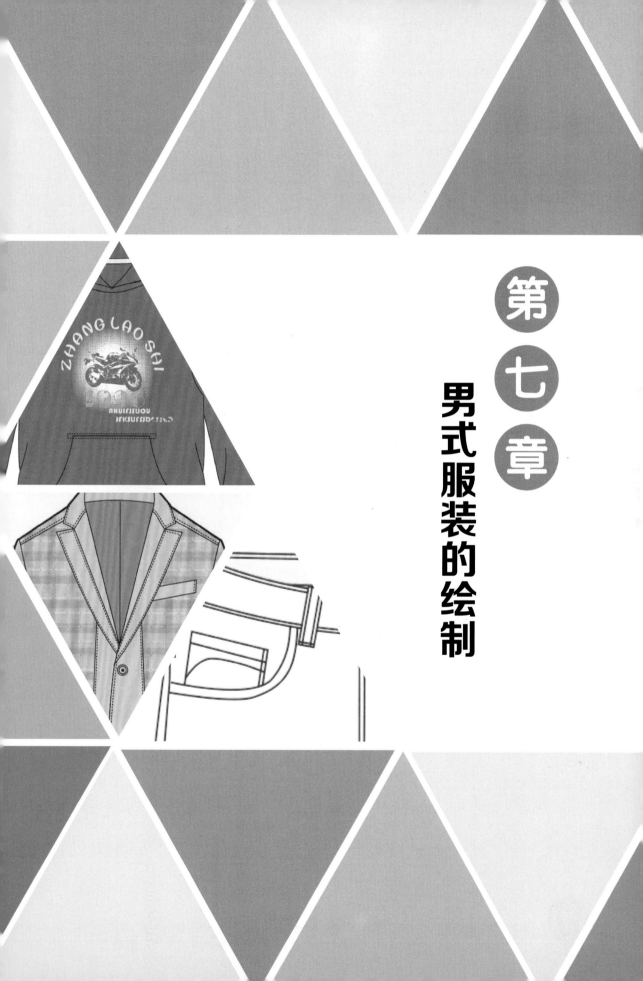

第七章

男式服装的绘制

第一节

男式卫衣的绘制

男式卫衣的绘制最终完成效果如图 7-1
所示。

男式卫衣的绘制步骤如下：

（1）打开 CorelDRAW X6 软件，执行菜
单栏中的【文件】/【新建】命令，或者使用
【Ctrl】+【N】组合快捷键，新建一个空白
页，设定纸张大小为"A4"，横向摆放，如
图 7-2 所示。

（2）步骤一：首先绘制男式卫衣的衣身
图形，选择工具箱中的【矩形】工具，在合
适的位置绘制一个合适的矩形，单击工具属

图 7-1

图 7-2

性栏中的【转换为曲线】命令，把矩形转换为普通曲线（也可选择工具箱中的【贝塞尔】
工具，在合适的位置直接进行绘制，但要注意一定要把对象绘制成闭合图形），效果如图
7-3 所示。

步骤二：选择工具箱中的【形状】工具，结合工具属性栏中的相关命令对矩形进行调
整，得到需要的形状，效果如图 7-3 所示。

步骤三：用同上的方法绘制男式卫衣的袖子图形，此处不再赘述，效果如图 7-3
所示。

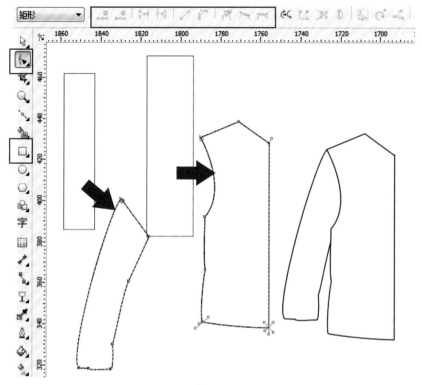

图 7-3

（3）用同上的方法绘制男式卫衣的袖口图形，此处不再赘述，效果如图 7-4 所示。

（4）选择工具箱中的【贝塞尔】工具，在合适的位置直接进行绘制衣片及袖子上的褶皱线，为了便于读者观察，笔者把这些线条的色彩加以改变，效果如图 7-5 所示。

选择工具箱中的【形状】工具，结合工具属性栏中的相关命令对褶皱线进行调整，得到需要的形状，效果如图 7-5 所示。

（5）镜像复制对象。

步骤一：选择工具箱中的【选择】工具，框选上步绘制的全部图形，按下

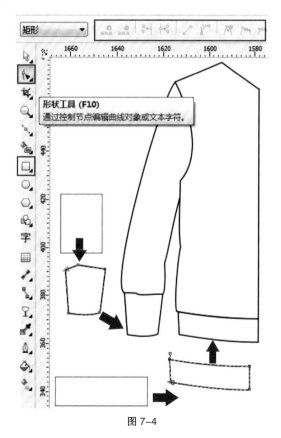

图 7-4

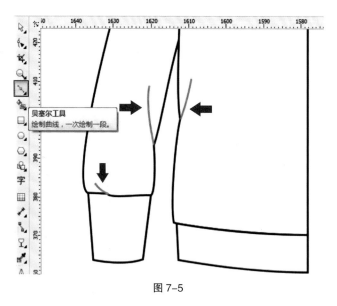

图 7-5

键盘上的【Ctrl】键，鼠标左键选中对象的左中控制点，按下鼠标左键不放，向右进行拖拉，当右方出现一个镜像的蓝色轮廓对象时，在不松开鼠标左键的情况下，单击鼠标右键，然后释放鼠标左键，镜像再制对象，效果如图 7-6 所示。

步骤二：选择工具箱中的【选择】工具，按下键盘上的【Shift】键，加选选中服装左部衣片和右部衣片轮廓图形（注：只是选中衣片图形的外轮廓图形，衣片图形上的褶皱线不必选中），执行工具属性栏中的【合并】命令，焊接两个图形为一个图形，效果如图 7-6 所示。

步骤三：使用上述方法，继续焊接男式卫衣下摆图形，效果如图 7-6 所示。

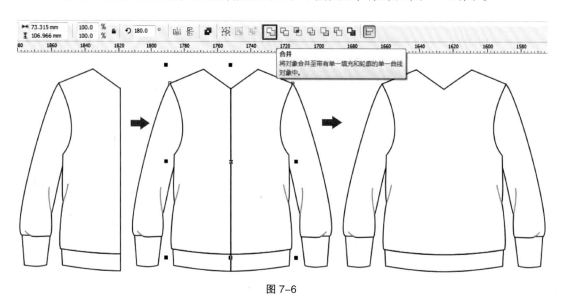

图 7-6

《6》绘制男式卫衣的口袋。

步骤一：选择工具箱中的【矩形】工具，在合适位置绘制一个矩形，执行工具属性栏上的【转换为曲线】命令，将矩形转换为曲线，选择工具箱中的【形状】工具，结合工具属性栏中的相关命令对矩形进行调整，得到需要的形状，效果如图 7-7 所示。

步骤二：选择工具箱中的【选择】工具，选中上步绘制的图形，按下键盘上的【Ctrl】键，鼠标左键选中对象的左中控制点，按下鼠标左键不放，向右进行拖拉，当右方出现一个镜像的蓝色轮廓对象时，在不松开鼠标左键的情况下，单击鼠标右键，然后释放鼠标左键，镜像再制对象，选择工具箱中的【选择】工具，按下键盘上的【Shift】键，加选选中两个图形执行工具属性栏中的【合并】命令，焊接两个图形为一个图形，效果如图 7-7 所示。

步骤三：选择工具箱中的【贝塞尔】工具，在合适位置绘制口袋上的缉明线图形，效果如图 7-7 所示。

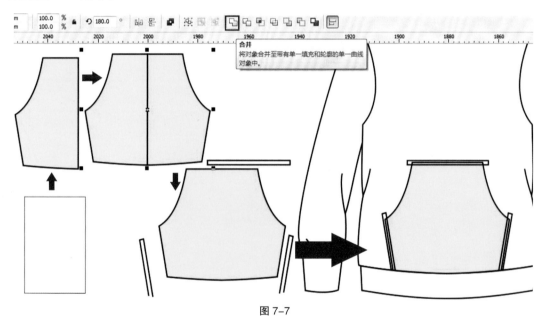

图 7-7

《7》绘制男式卫衣的帽子图形。

步骤一：选择工具箱中的【贝塞尔】工具，在合适的位置直接进行男式卫衣的帽子图形绘制（闭合曲线），选择工具箱中的【形状】工具，结合工具属性栏中的相关命令对帽子图形进行调整，得到需要的形状，效果如图 7-8 所示。

步骤二：选择工具箱中的【贝塞尔】工具，继续绘制男式卫衣的帽子图形上的相关褶皱线（开发曲线），选择工具箱中的【形状】工具，结合工具属性栏中的相关命令对男式卫衣的帽子图形上的相关褶皱线进行调整，得到需要的形状，效果如图 7-8 所示。

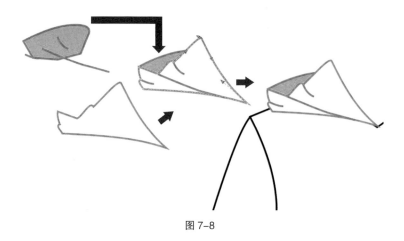

图 7-8

《8》选择工具箱中的【选择】工具，框选上步绘制的男式卫衣帽子图形，按下键盘上的【Ctrl】键，鼠标左键选中对象的左中控制点，按下鼠标左键不放，向右进行拖拉，当右方出现一个镜像的蓝色轮廓对象时，在不松开鼠标左键的情况下，单击鼠标右键，然后释放鼠标左键，镜像再制对象，效果如图 7-9 所示。

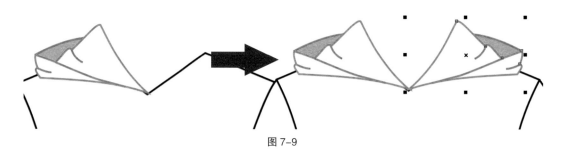

图 7-9

《9》选择工具箱中的【贝塞尔】工具，在合适的位置直接绘制男式卫衣帽子图形后方图形（要注意一定要把对象绘制成闭合图形，因为后期该图形是要填充色彩的），在该图形处于选中的情况下，按下键盘上的【Shift】+【Page Down】键，把该图形放置于底层，效果如图 7-10 所示。

《10》绘制男式卫衣前片领部下方图形。

步骤一：同上方法绘制男式卫衣前片领部下方图形，此处不再赘述（为了

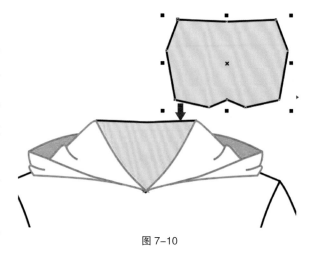

图 7-10

能够让读者方便的理解，作者把以上图形填以不同的颜色），效果如图7-11所示。

步骤二：在该图形处于选中的情况下，执行菜单栏中的【排列】/【顺序】/【置于此对象前】命令，当鼠标光标变为大的黑色向右箭头时，在男式卫衣衣身图形上单击，调整该图形到帽子图形下方，效果如图7-11所示。

⑪ 绘制男式卫衣后片领部上的分割图形。

步骤一：选择工具箱中的【矩形】工具，在合适位置绘制一个合适的矩形，执行工具属性栏上的【转换为曲线】命令，将矩形转换为曲线，选择工具箱中的【形状】工具，结合工具属性栏中的相关命令对椭圆形进行调整，得到需要的形状，效果如图7-12所示。

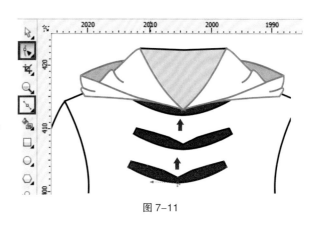

图7-11

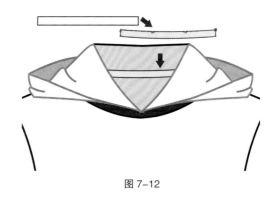

图7-12

步骤二：在该图形处于选中的情况下，执行菜单栏中的【排列】/【顺序】/【置于此对象前】命令，当鼠标光标变为大的黑色向右箭头时，在男式卫衣衣领后方图形（灰色图形）上单击，调整该图形到合适的位置，效果如图7-12所示。

⑫ 调整男式卫衣的线条样式及内部色彩。

步骤一：选择工具箱中的【选择】工具，框选所有图形，鼠标左键单击调色板中的白色，鼠标右键单击调色板中的黑色，调整男式卫衣的线条及内部的色彩，效果如图7-13所示。

步骤二：选择工具箱中的【选择】工具，按下键盘上的【Shift】键，加选男式卫衣图形上的缉明线图形，按下键盘上的【F12】键，打开【轮廓笔】对话框，设置【宽度】为0.3mm、【样式】为虚线，单击【确定】，完成缉明线的设置，效果如图7-13所示。

图 7-13

⒀ 填充男式卫衣图形的色彩。

步骤一：选择工具箱中的【选择】工具，框选男式卫衣图形全部图形，鼠标左键单击调色板上的"深绿色"（C：20、M：0、Y：0、K：80），为选中图形上色，效果如图 7-14 所示。

步骤二：选择工具箱中的【选择】工具，选中男式卫衣后片领部上的分割图形，鼠标左键单击调色板上的"黄色"（C：0、M：100、Y：0、K：0），为选中图形上色，效果如图 7-14 所示。

图 7-14

（14）复制第三章实例 3-1 服装印花图案，粘贴于页面中，选择工具箱中的【选择】工具，框选印花图案的全部图形，调整图形到合适大小，放置于合适的位置，完成该实例的绘制，效果如图 7-15 所示。

图 7-15

第二节

男式休闲西服的绘制

男式休闲西服的绘制最终完成效果如图7-16所示。

男式休闲西服的绘制步骤如下：

《1》打开 CorelDRAW X6 软件，执行菜单栏中的【文件】/【新建】命令，或者使用【Ctrl】+【N】组合快捷键，新建一个空白页，设定纸张大小为"A4"，横向摆放，如图7-17 所示。

《2》绘制男式休闲西服衣身及袖子图形。

步骤一：首先绘制男式休闲西装款式的衣身图形，选择工具箱中的【矩形】工具，在合适的位置绘制一个合适的矩形，单击工具属性栏中的【转换为曲线】命令，把矩形

图 7-16

图 7-17

转换为普通曲线（也可选择工具箱中的【贝塞尔】工具，在合适的位置直接进行绘制，但要注意一定要把对象绘制成闭合图形），效果如图 7-18 所示。

步骤二：选择工具箱中的【形状】工具，结合工具属性栏中的相关命令对矩形进行调整，得到需要的形状，效果如图 7-18 所示。

步骤三：用同上的方法绘制男式休闲西服款式的袖子图形，此处不再赘述，效果如图7-18 所示。

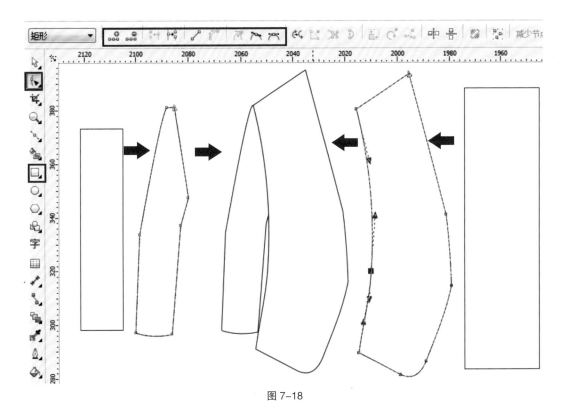

图 7-18

(3) 绘制男式休闲西服的领部图形。

步骤一：选择工具箱中的【贝塞尔】工具，在合适的位置直接进行绘制（注意一定要把对象绘制成闭合图形），效果如图 7-19 所示。

步骤二：选择工具箱中的【形状】工具，结合工具属性栏中的相关命令对该图形进行调整，得到需要的形状，效果如图 7-19 所示。

(4) 绘制男式休闲西服衣身上的撞色图形。

步骤一：选择工具箱中的【贝塞尔】工具，在合适的位

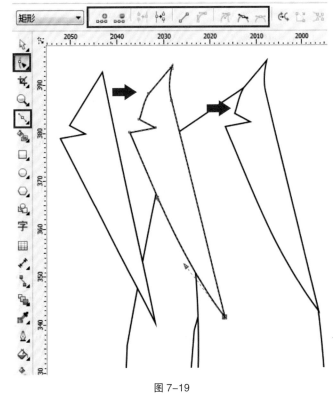

图 7-19

置绘制闭合图形（为了能够让读者方便的理解，作者把图形填以不同的颜色），效果如图7-20所示。

步骤二：选择工具箱中的【选择】工具，按下键盘上的【Shift】键，加选上步绘制图形及衣身图形，执行工具属性栏上的【相交】命令，移除上步绘制图形，得到休闲西服衣身上的撞色图形，效果如图7-20所示。

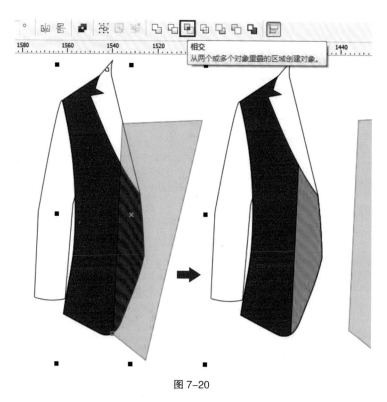

图 7-20

《5》绘制男式休闲西服中的缉明线。

步骤一：选择工具箱中的【选择】工具，选中上步绘制的撞色图形（绿色），按下鼠标左键，不松开鼠标左键，拖拉鼠标到合适位置，单击鼠标右键，释放鼠标左键，复制该图形，效果如图7-21所示。

步骤二：选择工具箱中的【形状】工具，框选复制图形顶部控制点，执行工具属性栏上的【断开曲线】命令。框选复制图形底部控制点，执行工具属性栏上的【断开曲线】命令，然后执行工具属性栏上的【提取子路径】命令，选择工具箱中的【选择】工具，先在页面空白处单击一次，再单击选中断开的线段放置于合适的位置，效果如图7-21所示。

步骤三：在上步绘制的线段处于选中的情况下，执行菜单栏中的【排列】/【顺序】/【置于此对象后】命令，当鼠标光标变为大的黑色向右箭头时，在男式休闲西服衣领图形上单击，调整该线段到衣领图形下方，效果如图7-21所示。

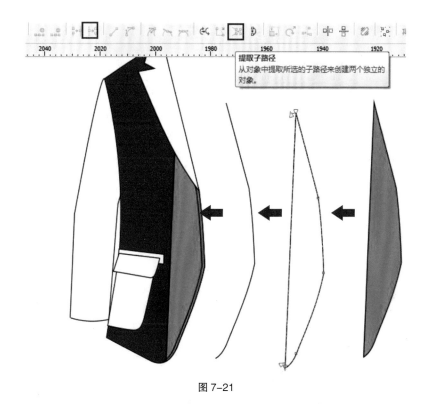

图 7-21

　　《6》用同上的方法结合工具箱中的【贝塞尔】工具及【形状】工具，继续绘制实例服装中的结构线、褶皱线及衣纹线图形，此处不再赘述，效果如图 7-22 所示。

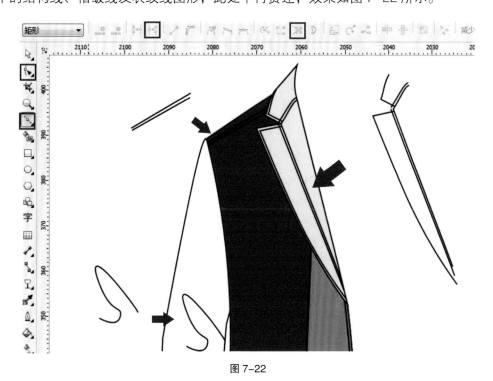

图 7-22

《7》绘制男式休闲西服的口袋图形。

步骤一：首先绘制袋盖图形，选择工具箱中的【矩形】工具，在合适位置绘制一个矩形，执行工具属性栏上的【圆角】命令，单击【同时编辑所有角】命令，打开矩形边角圆角的锁定，在矩形右下方边角数值处输入 3.0mm，按下键盘上的【Enter】键，确认修改，执行工具属性栏中的【转换为曲线】命令，把该图形转换为曲线，效果如图 7-23 所示。

步骤二：选择工具箱中的【形状】工具，结合工具属性栏中的相关命令对袋盖图形进行调整，得到需要的形状，放置于合适的位置，效果如图 7-23 所示。

步骤三：用同上的方法结合工具箱中的【形状】工具，继续绘制袋身及袋盖图形后方图形，此处不再赘述，效果如图 7-23 所示。

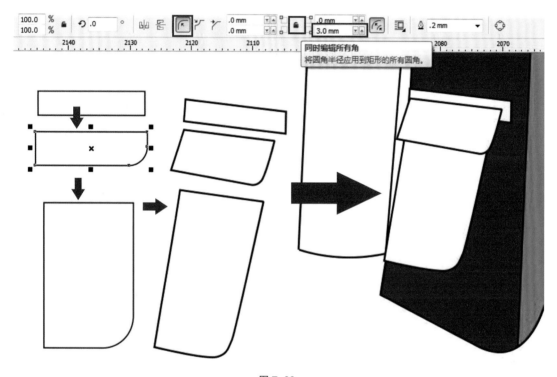

图 7-23

《8》用步骤（4）中的方法结合工具箱中的【贝塞尔】工具及【形状】工具，继续绘制实例口袋上的缉明线图形，此处不再赘述，效果如图 7-24 所示。

《9》调整男式休闲西服的线条样式及内部色彩。

步骤一：选择工具箱中的【选择】工具，框选所有图形，鼠标左键单击调色板中的白色，用鼠标右键单击调色板中的黑色，调整男式休闲西服的线条及内部的色彩，效果如图 7-25 所示。

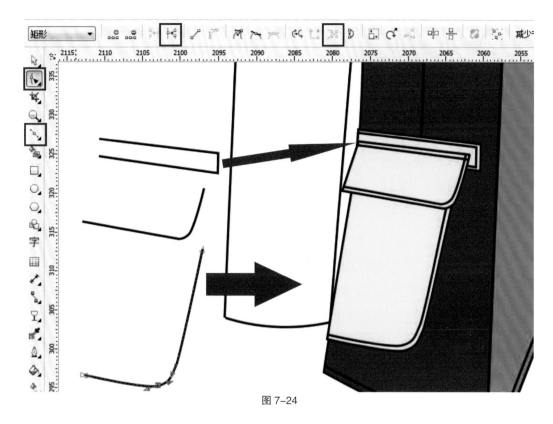

图 7-24

步骤二：选择工具箱中的【选择】工具，按下键盘上的【Shift】键，加选男式休闲西服上的缉明线图形，按下键盘上的【F12】键，打开【轮廓笔】对话框，设置【宽度】为0.3mm、【样式】为虚线，单击【确定】，完成缉明线的设置，效果如图 7-25 所示。

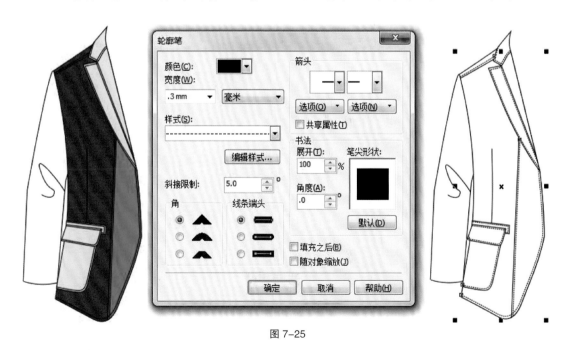

图 7-25

《10》绘制扣子。

步骤一：选择工具箱中的【椭圆形】工具，按下键盘上的【Ctrl】键，拖拉鼠标在合适位置绘制一个正圆图形，选择工具箱中的【选择】工具，按下键盘上的【Shift】键，选择正圆四个边角控制点的任意一个控制点，按下鼠标左键向内拖拉，在不松开鼠标左键的情况下，单击鼠标右键，释放鼠标左键，再制同心正圆图形，效果如图7-26所示。

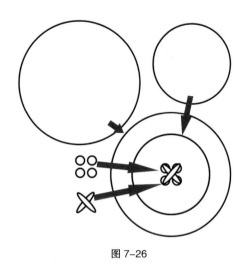

图 7-26

步骤二：选择工具箱中的【椭圆形】工具，按下键盘上的【Ctrl】键，拖拉鼠标在合适位置绘制四个正圆图形，选择工具箱中的【选择】工具，调整大小及位置，效果如图7-26所示。

步骤三：选择工具箱中的【椭圆形】工具，拖拉鼠标在合适位置绘制两个椭圆形图形，选择工具箱中的【选择】工具，调整位置及角度，放置于扣子图形的中心，框选本步绘制的所有椭圆形图形，按下键盘上的【Ctrl】+【G】键，群组对象，效果如图7-26所示。

《11》将上步绘制的扣子图形调整大小后放置于合适的位置，效果如图7-27所示。

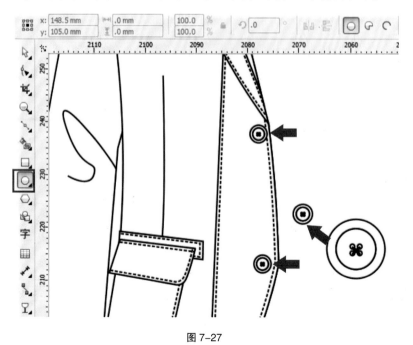

图 7-27

《12》镜像再制图形。

步骤一：选择工具箱中的【选择】工具，框选上步绘制的全部图形，按下键盘上的【Ctrl】键，以鼠标左键选中对象的左中控制点，按下鼠标左键不放，向右进行拖拉，当右方出现一个镜像的蓝色轮廓对象时，在不松开鼠标左键的情况下，单击鼠标右键，然后释放鼠标左键，镜像再制对象，效果如图7-28所示。

步骤二：当再制对象处于选中的情况下，多次单击键盘上的向左方向键，移动该图形到合适位置，效果如图7-28所示。

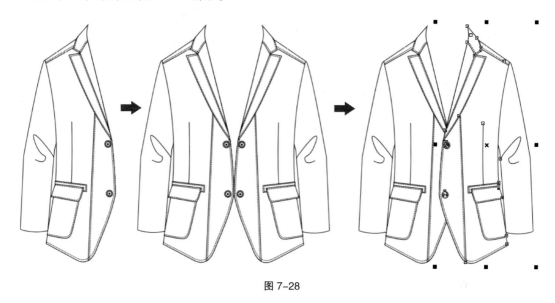

图7-28

《13》绘制男式休闲西服后部图形。

步骤一：首先绘制领子后部图形，选择工具箱中的【矩形】工具，在合适的位置绘制一个合适的矩形，单击工具属性栏中的【转换为曲线】命令，把矩形转换为普通曲线（也可选择工具箱中的【贝塞尔】工具，在合适的位置直接进行绘制，注意一定要把对象绘制成闭合图形），效果如图7-29所示。

步骤二：选择工具箱中的【形状】工具，结合工具属性栏中的相关命令对矩形进行调整，得到需要的形状，效果如图7-29所示。

步骤三：同上方法绘制男式休闲西服后片图形，待绘制结束后，选中图形，按下键盘上的【Shift】+【Page Down】键，将对象放置于底层，适度调整对象的位置，效果如图7-29所示。

《14》同上方法绘制，结合工具箱中的【贝塞尔】工具及【形状】工具，继续绘制男式休闲西服右前片上的单开线口袋图形，此处不再赘述，效果如图7-30所示。

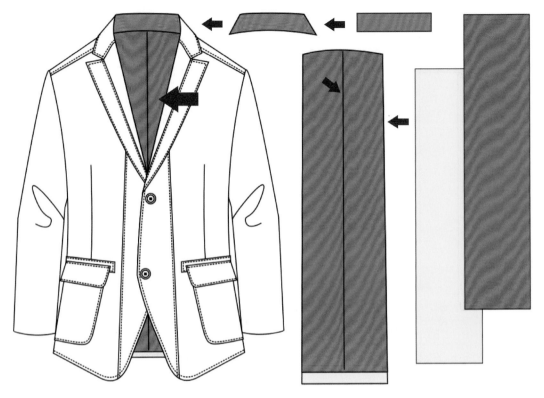

图 7-29

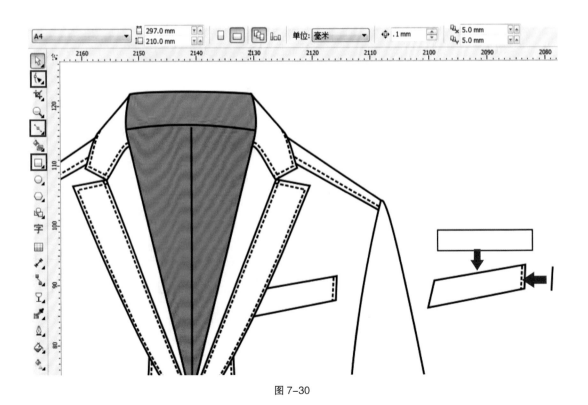

图 7-30

（15）选择工具箱中的【选择】工具，选中扣子图形，按下鼠标左键，不松开鼠标左键，拖拉鼠标到合适位置，单击鼠标右键，释放鼠标左键，复制该图形，调整复制得到的图形的大小后放置于合适的位置，多次复制并放置于合适的位置，效果如图 7-31 所示。

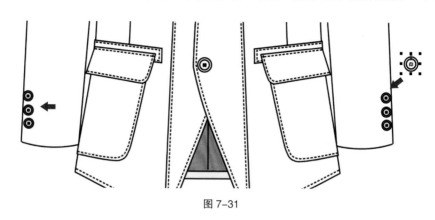

图 7-31

（16）填充男式休闲西服图形的色彩。

步骤一：选择工具箱中的【选择】工具，框选男式休闲西服全部图形，执行菜单栏上的【窗口】/【调色板】/【PANTONE® Goe™ coated】命令，打开【PANTONE® Goe™ coated】调色板，以鼠标左键单击调色板上的 "100% PANTONE 1-4-2 C" 色，为选中图形上色，效果如图 7-32 所示。

步骤二：选择工具箱中的【选择】工具，选中男式休闲西服后片图形，以鼠标左键单击调色板上的 "100% PANTONE 1-4-4 C" 色，为选中图形上色，效果如图 7-32 所示。

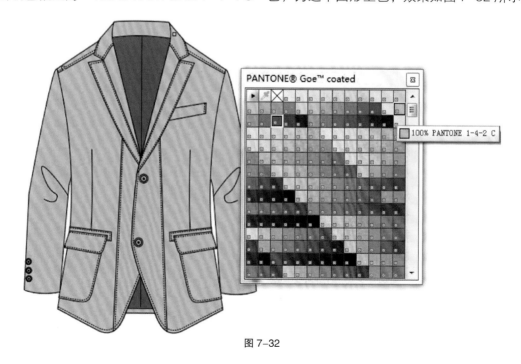

图 7-32

（17）绘制图案面料①。

步骤一：选择工具箱中的【矩形】工具，在合适的位置绘制一个合适的矩形，鼠标左键单击调色板上的"100% PANTONE 1-4-2 C"色，以鼠标右键单击调色板上方的"X"形方框，为选中图形上色并隐藏轮廓色，效果如图7-33所示。

步骤二：选择工具箱中的【选择】工具，选中上步绘制的矩形图形，按下键盘上的【Ctrl】键，按下鼠标左键，不松开鼠标左键，拖拉鼠标到合适位置，单击鼠标右键，释放鼠标左键，在水平位置复制该图形，效果如图7-33所示。

步骤三：多次单击键盘上的【Ctrl】+【R】键，多次复制再制图形，效果如图7-33所示。

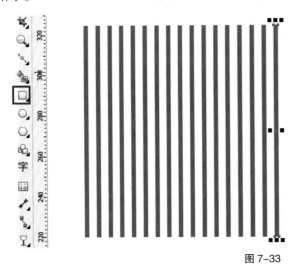

图 7-33

（18）绘制图案面料②。

选择工具箱中的【选择】工具，框选上步绘制的全部图形，以鼠标左键在图形中心控制点上双击，当对象周围的控制点变为旋转图标后，按下键盘上的【Ctrl】键，鼠标左键选中对象的四个边角中的任意一个控制点，按下鼠标左键不放，顺时针拖拉旋转90度，当上方出现交叉的蓝色轮廓对象时，在不松开鼠标左键的情况下，单击鼠标右键，然后释放鼠标左键，旋转再制对象，效果如图7-34所示。

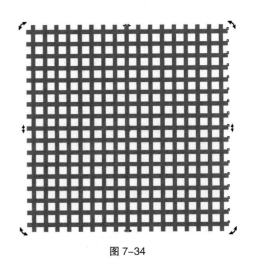

图 7-34

（19）绘制图案面料③。

选择工具箱中的【选择】工具，框选上步绘制的图形，单击工具箱中的【透明度】工具，设置工具属性栏上的【透明度类型】为标准，效果如图 7-35 所示。

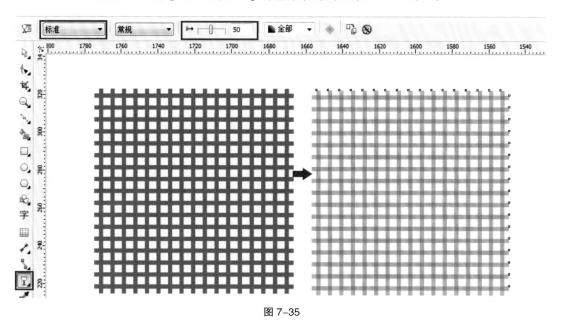

图 7-35

《20》绘制图案面料④。

步骤一：选择工具箱中的【矩形】工具，按下键盘上的【Ctrl】键，在合适的位置绘制一个合适的正方形，鼠标左键单击调色板上的"100% PANTONE 1-4-2 C"色，以鼠标右键单击调色板上方的"X"形方框，为选中图形上色并隐藏轮廓色，效果如图 7-36 所示。

步骤二：选择工具箱中的【选择】工具，框选步骤（18）绘制的图案图形，执行菜单栏中的【效果】/【图框精确裁剪】/【置于文本框内部】命令，当鼠标光标变为大的黑色向右箭头时，在正方形图形上单击，将图案图形填充于正方形图形内部，效果如图 7-36 所示。

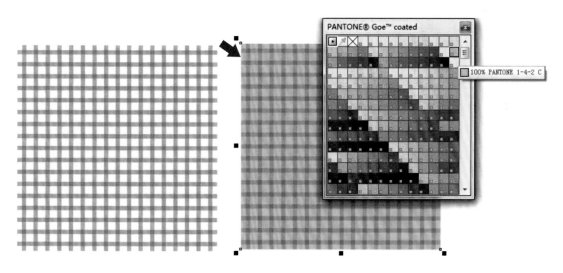

图 7-36

（21）绘制图案面料⑤。

选择工具箱中的【选择】工具，选中上步绘制的图案面料图形，执行菜单栏上的【位图】/【转换为位图】命令，打开【转换为位图】对话框，设置【分辨率】为 300dpi，单击【确定】，把该图形转换为位图，效果如图 7–37 所示。

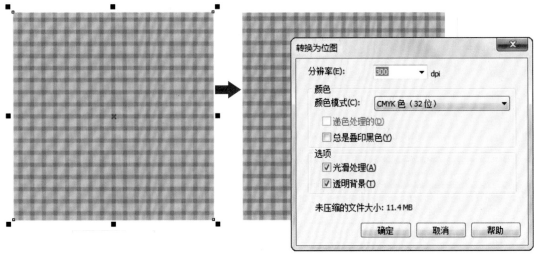

图 7–37

（22）绘制图案面料⑥。

选择工具箱中的【选择】工具，选中上步绘制的图案面料图形，执行菜单栏上的【位图】/【创造性】/【织物】命令，打开【织物】对话框，设置【样式】为刺绣，【大小】为 6，【亮度】为 75，单击【确定】，制作该图形的肌理效果，效果如图 7–38 所示。

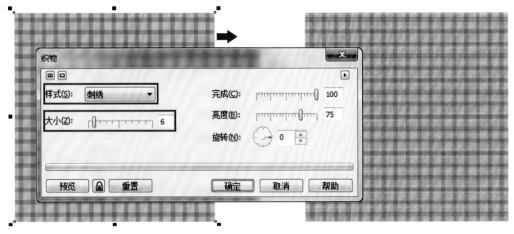

图 7–38

（23）选择工具箱中的【选择】工具，选中上步绘制的图案面料图形，执行菜单栏上的【效果】/【图框精确裁剪】/【置于文本框内部】命令，当鼠标光标变为大的黑色向右箭头时，在男式休闲西服图形左部衣身单击，将图案面料图形填充于左部衣身图形内部，效果如图 7-39 所示。

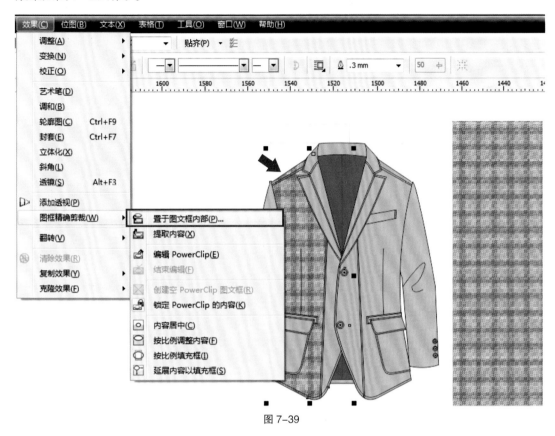

图 7-39

（24）选择工具箱中的【选择】工具，选中男式休闲西服右部前片图形，执行菜单栏上的【效果】/【复制效果】/【图框精确裁剪自】命令，当鼠标光标变为大的黑色向右箭头时，在男式休闲西服图形左部衣身单击，将图框精确裁剪效果填充于右部衣身图形内部，效果如图 7-40 所示。

（25）采用同上方法填充男式休闲西服的两只袖子图形，效果如图 7-41 所示。

（26）制作效果。

步骤一：选择工具箱中的【选择】工具，框选所有图形，执行工具属性栏上的【创建边界】命令，创造一个围绕使用图形外部轮廓建立的新图形，选中该图形，按下键盘上的【F11】键，打开【轮廓笔】对话框，设置轮廓线宽度为 1mm，单击【确定】完成轮廓线线宽设置，效果如图 7-42 所示。

步骤二：选择工具箱中的【选择】工具，选中上步创建的图形，按下鼠标左键，不松开鼠标左键，拖拉鼠标到合适位图，单击鼠标右键，释放鼠标左键，复制该图形，按下键盘上的【Shift】+【Page Down】键，将复制的图形放置于底层，鼠标左键单击调色板上

图 7-40

图 7-41

70% 的黑色，鼠标右键在调色板上方的"X"方框处，隐藏图形的轮廓颜色，调整该图形的位置，效果如图 7-42 所示。

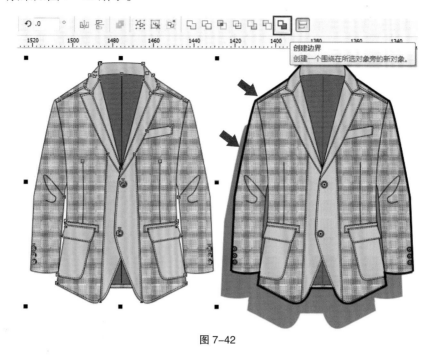

图 7-42

《27》完成男式休闲西服实例绘制，效果如图 7-43 所示。`

图 7-43

第三节

男式牛仔裤的绘制

男式牛仔裤的绘制最终完成效果如图 7-44 所示。

男式牛仔裤的绘制步骤如下：

(1) 打开 CorelDRAW X6 软件，执行菜单栏中的【文件】/【新建】命令，或者使用【Ctrl】+【N】组合快捷键，新建一个空白页，设定纸张大小为 "A4"，横向摆放，如图 7-45 所示。

(2) 绘制男式牛仔裤裤身图形。

步骤一：选择工具箱中的【矩形】工具，在合适的位置绘制一个合适的矩形，单击工具属性栏中的【转换为曲线】命令，把矩形转换为普通

图 7-44

图 7-45

曲线（也可选择工具箱中的【贝塞尔】工具，在合适的位置直接进行绘制，但要注意一定要把对象绘制成闭合图形），效果如图 7-46 所示。

步骤二：选择工具箱中的【形状】工具，结合工具属性栏中的相关命令对矩形进行调整，得到需要的形状，效果如图 7-46 所示。

(3) 绘制男式牛仔裤的腰头图形。

以同上方法绘制男式牛仔裤的腰头图形，效果如图 7-47 所示。

(4) 绘制男式牛仔裤上的结构线、衣纹褶皱线及缉明线对象。

步骤一：选择工具箱中的【贝塞尔】工具，在合适的位置直接进行绘制（注：在绘制

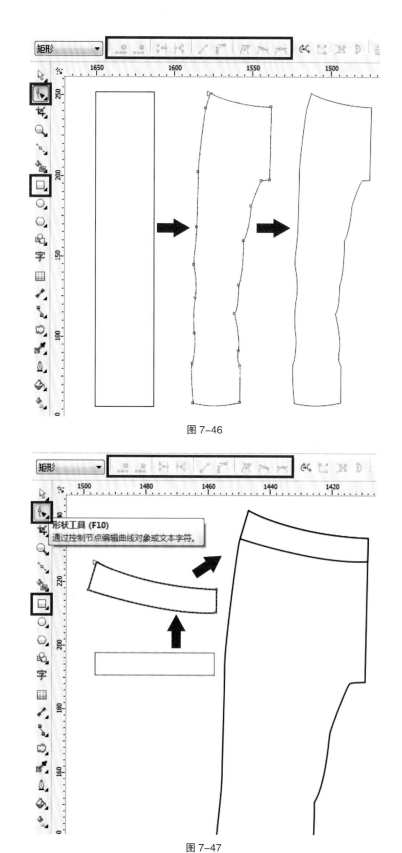

图 7-46

图 7-47

线段的过程中，应用好键盘上的快捷键，如选择工具箱中的【贝塞尔】工具，在页面上绘制线段结束后，可以两次按下键盘上的【空格】键，这样可以在线段没有闭合的情况下，重新开始新的线段绘制，可以大大地缩短绘制的时间），效果如图 7-48 所示。

步骤二：选择工具箱中的【形状】工具，结合工具属性栏中的相关命令对矩形进行调整，得到需要的形状，效果如图 7-48 所示。

《5》以同上方法继续绘制男式牛仔裤上的结构线、衣纹褶皱线及缉明线对象，效果如图 7-49 所示。

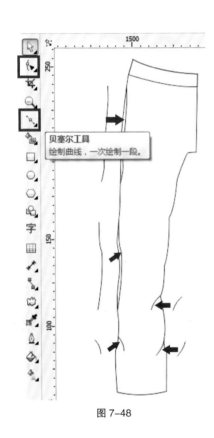

图 7-48

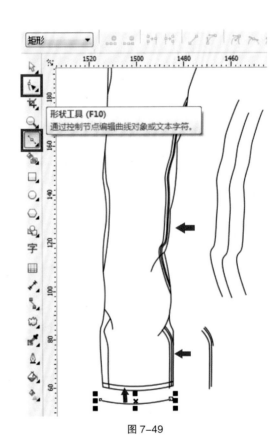

图 7-49

《6》以同上方法继续绘制男式牛仔裤上的口袋及腰头上的缉明线对象，效果如图 7-50 所示。

《7》以同上方法继续绘制男式牛仔裤上带襻对象，效果如图 7-51 所示。

《8》镜像再制图形。

步骤一：选择工具箱中的【选择】工具，框选上步绘制的全部图形，按下键盘上的【Ctrl】键，以鼠标左键选中对象的左中控制点，按下鼠标左键不放，向右进行拖拉，当右方出现一个镜像的蓝色轮廓对象时，在不松开鼠标左键的情况下，单击鼠标右键，然后

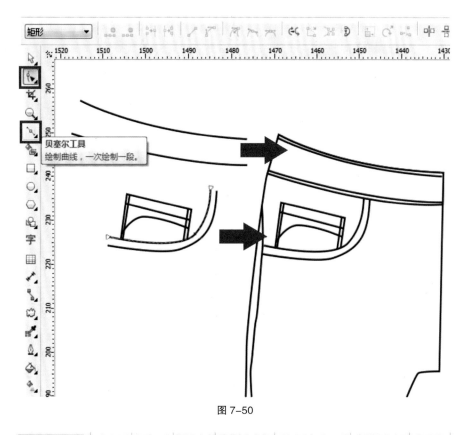

图 7-50

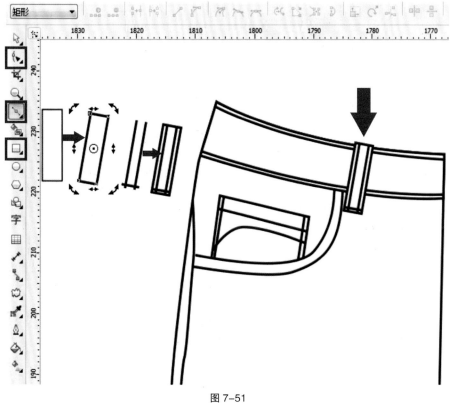

图 7-51

211

释放鼠标左键，镜像再制对象，效果如图 7-52 所示。

步骤二：当再制对象处于选中的情况下，多次单击键盘上的向左方向键，移动该图形到合适位置，效果如图 7-52 所示。

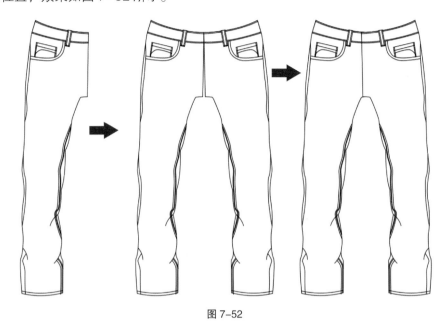

图 7-52

《9》绘制男式牛仔裤搭门处缉明线对象。

参照步骤（5）的方法继续绘制男式牛仔裤搭门处缉明线对象，效果如图 7-53 所示。

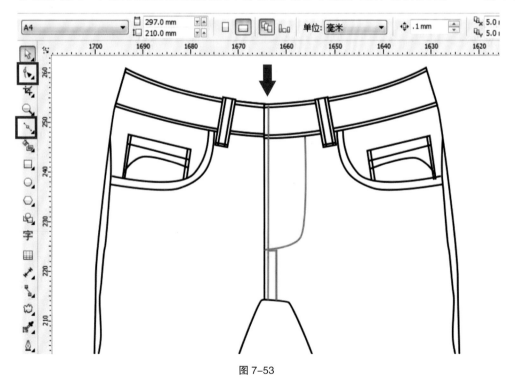

图 7-53

（10）以同上方法继续绘制男式
牛仔裤后部图形及缉明线对象，待绘
制结束后，选择工具箱中的【选择】
工具，框选本步绘制图形，单击键盘
上的【Shift】+【Page Down】键，
把对象置于底层，适当调整其位置
（为了能够让读者方便的理解，作者
把以上图形填以不同的颜色），效果
如图 7-54 所示。

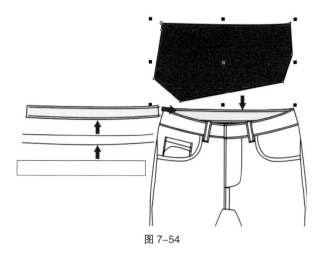

图 7-54

（11）绘制男式牛仔裤上的封结（打枣）图形。

步骤一：选择工具箱中的【贝塞尔】工具，在页面合适位置绘制一根垂线，效果如图
7-55 所示。

步骤二：该垂线处于选中的情况下，选择工具箱中的【变形】工具，单击工具属性
栏中的【拉链变形】和【平滑变形】，设置【拉链振幅】为 20，设置【拉链频率】为 34，
单击键盘上的【Enter】键，确认变形，效果如图 7-55 所示。

步骤三：选择工具箱中的【选择】工具，选中上步绘制的封结（打枣）图形，适当调
整其大小，放置于合适的位置，效果如图 7-55 所示。

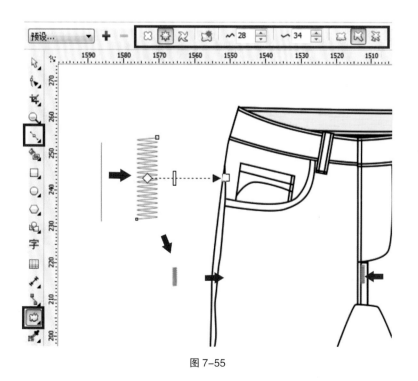

图 7-55

（12）选择工具箱中的【选择】工具，按下键盘上的【Shift】键，加选选中男式牛仔裤中所有的缉明线图形，按下键盘上的【F12】键，打开【轮廓笔】对话框，设置【颜色】为"橘红色"（C：0、M：60、Y：100、K：0），设置【宽度】为0.4mm，设置【样式】为虚线，单击【确定】按钮，修改缉明线图形的线条色彩及样式，效果如图7-56所示。

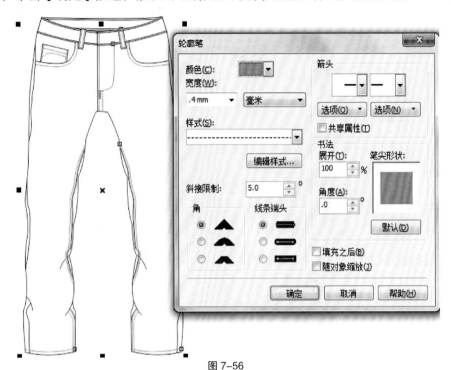

图7-56

（13）选择工具箱中的【选择】工具，框选所有图形，以鼠标左键单击调色板中的"海军蓝色"（C：60、M：40、Y：0、K：40），为图形上色，效果如图7-57所示。

（14）绘制扣子图形。

步骤一：选择工具箱中的【椭圆形】工具，按下键盘上的【Ctrl】键，拖拉鼠标在合适位置绘制一个正圆图形，选择工具箱中的【选择】工具，按下键盘上的【Shift】键，选择正圆四个边

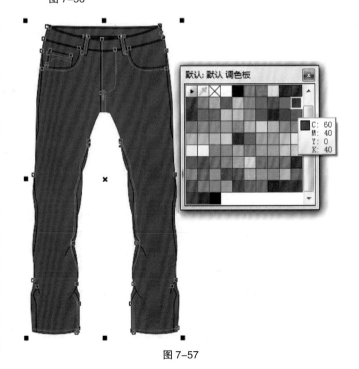

图7-57

角控制点的任意一个控制点，按下鼠标左键向内拖拉，在不松开鼠标左键的情况下单击鼠标右键，释放鼠标左键，再制同心正圆图形，效果如图7-58所示。

步骤二：选择工具箱中的【选择】工具，框选本步绘制的所有两个正圆图形，选择工具箱中的【渐变填充】工具，打开【渐变填充】对话框，设置【类型】为线性，【颜色调和】为双色，设置【从】的颜色为橘红，单击【确定】按钮，确认对图形的渐变填充，按下键盘上的【Ctrl】+【G】键，为对象建组，效果如图7-58所示。

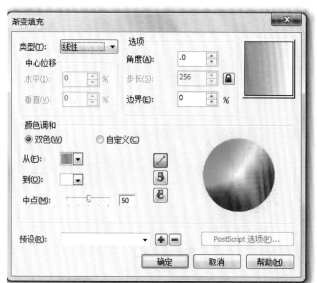

图7-58

《15》绘制男式牛仔裤的阴影图形①。

选择工具箱中的【贝塞尔】工具，在合适的位置直接绘制一个闭合图形，鼠标左键在调色板的黑色位置单击，为其填充颜色，效果如图7-59所示。

《16》绘制男式牛仔裤的阴影图形②。

选择工具箱中的【选择】工具，选中上步绘制的图案面料图形，执行菜单栏上的【位图】/【转换为位图】

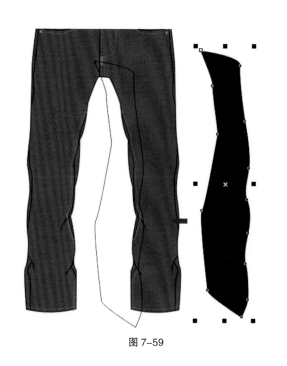

图7-59

命令，打开【转换为位图】对话框，设置【分辨率】为300dpi，单击【确定】按钮，确认图形转换为位图，效果如图7-60所示。

图 7-60

《17》绘制男式牛仔裤的阴影图形③。

选择工具箱中的【选择】工具，选中上步绘制的图形，执行菜单栏中的【位图】/【模糊】/【高斯式模糊】命令，打开【高斯式模糊】对话框，设置【半径】为110像素，单击【确定】按钮，确认图形的模糊处理，效果如图7-61所示。

图 7-61

《18》绘制男式牛仔裤的阴影图形④。

选择工具箱中的【选择】工具，选中上步绘制图形，选择工具箱中的【透明度】工具，设置工具属性栏上的【透明度类型】为标准，效果如图 7-62 所示。

《19》选择工具箱中的【选择】工具，选中上步绘制的图形，执行菜单栏上的【效果】/【图框精确裁剪】/【置于文本框内部】命令，当鼠标光标变为大的黑色向右箭头时，在男式牛仔裤左部裤身图形上单击，将图案面料图形填充于左部裤身图形内部，效果如图 7-63 所示。

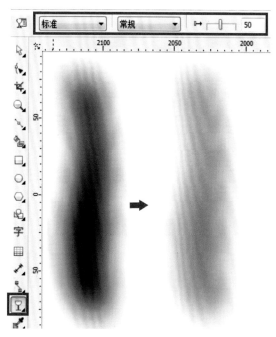

图 7-62

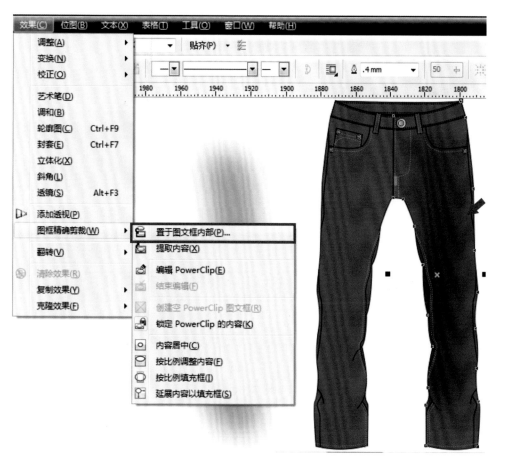

图 7-63

（20）选择工具箱中的【选择】工具，选中男式牛仔裤款式左部裤身图形，执行菜单栏上的【效果】/【图框精确裁剪】/【编辑 PowerClip】命令，适当调整阴影图形的位置与大小，鼠标左键单击图形下方的【停止编辑内容】命令图标，结束对阴影图形的调整，效果如图 7-64 所示。

（21）选择工具箱中的【选择】工具，选中男式牛仔裤右部裤身图形，执行菜单栏上的【效果】/【复制效果】/【图框精确裁剪自】命令，当鼠标光标变为大的黑色向右箭头时，在男式牛仔裤款式图形左部衣身单击，将图框精确裁剪效果填充于右部衣身图形内部，效果如图 7-65 所示。

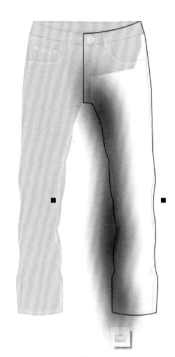

图 7-64

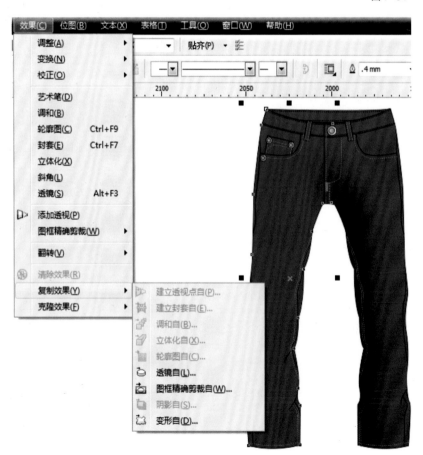

图 7-65

《22》以步骤（19）方法调整阴影位置，效果如图 7-66 所示。

《23》男式牛仔裤图形填充阴影图形后效果如图 7-67 所示。

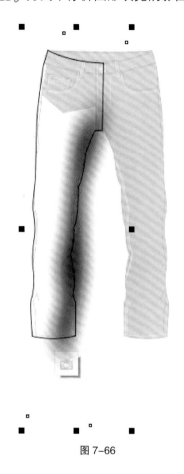

图 7-66

图 7-67

《24》绘制男式牛仔裤上的水洗效果图形①。

步骤一：因为绘制男式牛仔裤上的水洗效果图形是白色，所以在绘制该图形前，先绘制一个图形作为底色。选择工具箱中的【矩形】工具，在页面合适位置绘制一个矩形。选择工具箱中的【椭圆形】工具，绘制一个椭圆形，效果如图 7-68 所示。

步骤二：在椭圆形处于选中的情况下，以鼠标左键单击调色板上的白色，鼠标右键单击调色板上的"X"形方框，填充该图形为白色并隐藏其轮廓色，效果如图 7-68 所示。

步骤三：在椭圆形处于选中的情况下，执行菜单栏上的【位图】/【转换为位图】命令，打开【转换为位图】对话框，设置【分辨率】为 300dpi，单击【确定】按钮，确认图形转换为位图，效果如图 7-68 所示。

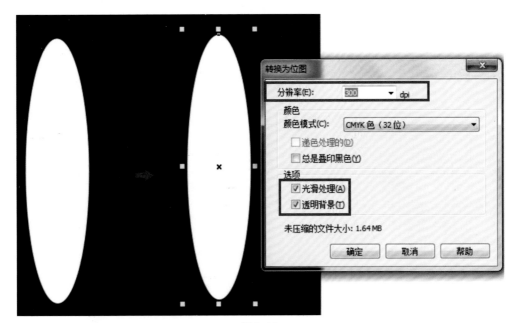

图 7-68

(25) 绘制男式牛仔裤上的水洗效果图形②。

选择工具箱中的【选择】工具,选中上步绘制的椭圆形图形,执行菜单栏中的【位图】/【模糊】/【高斯式模糊】命令,打开【高斯式模糊】对话框,设置【半径】为110像素,单击【确定】按钮,确认图形的模糊处理,效果如图7-69所示。

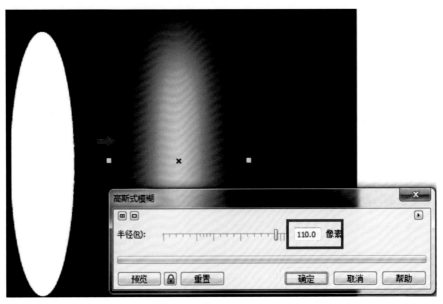

图 7-69

（26）绘制男式牛仔裤上的水洗效果图形③。

选择工具箱中的【选择】工具，选中上步绘制椭圆形图形，选择工具箱中的【透明度】工具，设置工具属性栏上的【透明度类型】为标准，效果如图7-70所示。

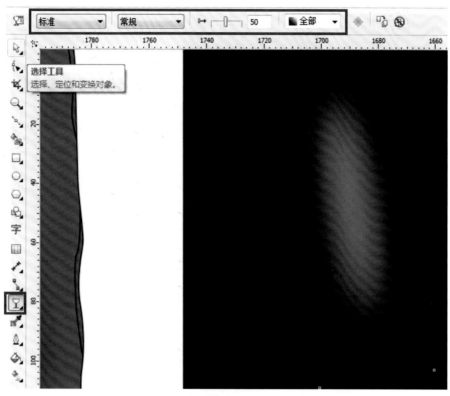

图7-70

（27）选择工具箱中的【选择】工具，选中上步绘制的男式牛仔裤上的水洗效果图形，按下鼠标左键拖拉该图形到合适的位置，在不松开鼠标左键的情况下单击鼠标右键，然后释放鼠标左键复制该图形到合适的位置，效果如图7-71所示。

（28）以同上方法再次绘制男式牛仔裤上的水洗效果图形，使用【选择】工具调整图形形

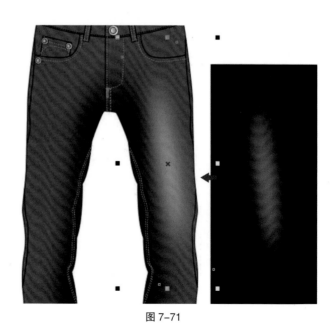

图7-71

状，放置于合适的位置，效果如图 7-72 所示。

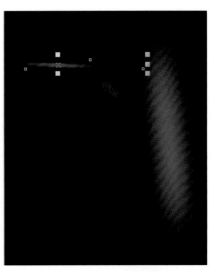

图 7-72

（29）以同上方法继续绘制男式牛仔裤上的水洗效果图形，使用【选择】工具调整图形形状，放置于合适的位置，效果如图 7-73 所示。

（30）男式牛仔裤的最终完成效果如图 7-74 所示。

图 7-73

图 7-74

第八章

时装人物的绘制

第一节

时装人物眼睛的绘制

时装人物眼睛的绘制最终完成效果如图 8-1 所示。

时装人物眼睛的绘制步骤如下：

《1》 打 开 CorelDRAW X6 软 件，执行菜单栏中的【文件】/【新建】命令，或者使用【Ctrl】+【N】组合快捷键，新建一个空白页，设定纸张大小为"A4"，横向摆放如图 8-2 所示。

图 8-1

图 8-2

《2》 选择工具箱中的【椭圆形】工具，在页面空白处绘制一个椭圆形图形，继续选择工具箱中的【形状】工具，结合工具属性栏的相关命令调整椭圆形到眼睛的基本形状，效果如图 8-3 所示。

《3》 绘制眼睛的外部轮廓。

步骤一：选择工具箱中的"挑选"工具，按下键盘上的【Shift】键，选择上一步绘制图形四个边角控制点中的任意一个，按下鼠标左键，向内拖拉，当

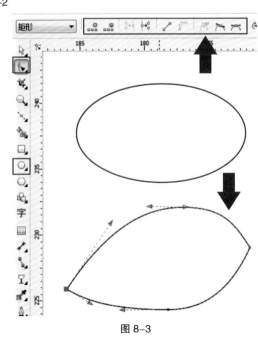

图 8-3

内部出现一个同心图形时不要松开鼠标左键，单击鼠标右键，释放鼠标左键，再制一个同心图形，适当调整两个图形对象的位置关系，效果如图8-4所示。

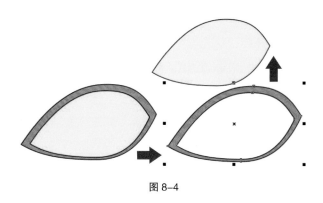

图8-4

步骤二：按下键盘上的【Shift】键，加选两个图形（同时选中黄色图形与蓝色图形），鼠标左键单击工具属性栏上的【修剪】命令，使两个图形进行上下修剪。移除黄色图形，得到眼睛的外部轮廓图形，效果如图8-4所示。

《4》选中黄色图形，按下键盘上的【Shift】+【Page Down】键，把黄色图形放置于蓝色图形后方。在黄色图形处于选择的情况下，鼠标左键单击工具箱中的【渐变填充】工具（或者按下键盘上的【F11】键），打开【渐变填充】对话框，设置"类型"为辐射，设置"颜色调和"为自定义，鼠标左键在【渐变填充】对话框左下方色条上的控制点上单击，结合对话框右下方的调色板窗口设置渐变颜色（注：鼠标左键在【渐变填充】对话框左下方的色条上的控制点之间双击，可以增加色彩控制点，如果鼠标左键再次在新增加的色彩控制点之间双击则可以减少色彩控制点），然后把鼠标放在【渐变填充】对话框右上方的色彩框内，待鼠标形状变为"+"字形状后，按下鼠标左键，调整渐变的中心点位置，效果如图8-5所示。

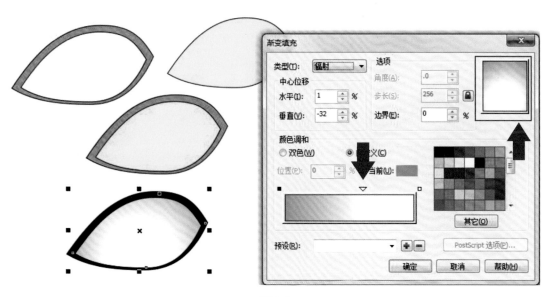

图8-5

《5》绘制眼球。

步骤一：鼠标左键在工具箱上的【椭圆形】工具上单击选择该工具，按下键盘上的【Ctrl】键，在合适的位置按下鼠标左键绘制一个正圆。选择正圆图形四个边角控制点中的任意一个，按下鼠标左键，向内拖拉，当内部出现一个同心图形时不要松开鼠标左键，单击鼠标右键，释放鼠标左键，再制一个同心正圆图形。鼠标左键选择上步绘制的正圆图形，按下鼠标左键拖拉该图形到合适的位置，在不松开鼠标左键的情况下单击鼠标右键，然后释放鼠标左键复制该图形，调整复制图形的形状及角度，效果如图8-6所示。

步骤二：选中下部正圆图形，鼠标左键单击工具箱中的【渐变填充】工具（或者按下键盘上的【F11】键），打开【渐变填充】对话框，设置"类型"为辐射，设置"颜色调和"为双色，设置该图形的渐变效果。选中中心小的正圆图形，鼠标左键在调色板上的黑色处单击，为该图形填充黑色。选中眼球上的椭圆图形，鼠标左键在调色板上的白色处单击，为该图形填充白色，在该图形处于选中的情况下，鼠标左键单击工具箱中的【透明度】工具，结合工具属性栏，把工具属性栏中的【透明度类型】设置为标准，设置眼球上的高光图形的透明效果，效果如图8-6所示。

步骤三：框选本步绘制的三个图形，按下键盘上的【Ctrl】+【G】键，群组三个图形，效果如图8-6所示。

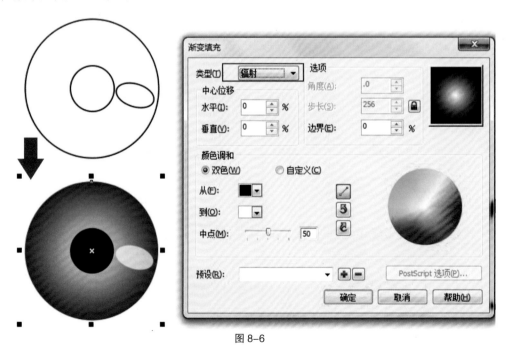

图8-6

《6》在眼球图形处于选中的情况下，选择菜单栏中的【效果】/【图框精确裁剪】/【置于图文框内部】，当光标变为大的向右箭头时在眼眶内部图形上单击，把眼球图形填充到眼眶内部图形中去，效果如图 8-7 所示。

《7》鼠标左键单击选中眼眶内部图形，在该图形下方出现的工具框内部选择【编辑 PowerClip】，选中眼球图形，调整该图形的大小及位置，待调整结束后在该图形下方出现的【停止编辑内容】工具上单击，结束此次调整，效果如图 8-8 所示。

《8》绘制眉毛。

步骤一：鼠标左键单击选择工具箱中的【椭圆形】工具，在合适的位置按下鼠标左键绘制一个合适的椭圆形，效果如图 8-9 所示。

步骤二：在椭圆形处于选中的情况下，鼠标左键单击工具属性栏上的【转换为曲线】命令（或者按下键盘上的【Ctrl】+【Q】键），把椭圆形转换为曲线。

步骤三：选择工具箱中的【形状】工具，结合工具属性栏中的相关命令对椭圆形进行调整，得到需要的眉毛的形状，放置于合适的位置，效果如图 8-9 所示。

步骤四：鼠标左键在调色板上的黑色处单击，鼠标右键在调色板上方"X"形方框处（作用：把轮廓颜色设置为无）单击，为该图形填充色彩，效果如图 8-9 所示。

《9》绘制二重眼睑（即双眼皮）。

步骤一：鼠标左键选择眉毛图形，

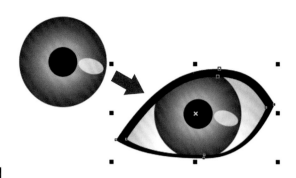

图 8-7

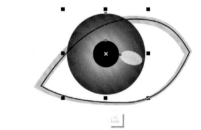

图 8-8

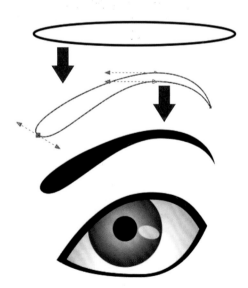

图 8-9

按下鼠标左键拖拉该图形到合适的位置，在不松开鼠标左键的情况下单击鼠标右键，然后释放鼠标左键复制该图形，效果如图 8-10 所示。

步骤二：在图形处于选中的情况下，鼠标左键单击工具属性栏上的【水平镜像】命令调整该图形的角度，效果如图 8-10 所示。

步骤三：选择工具箱中的【形状】工具，结合工具属性栏中的相关命令对椭圆形进行调整，得到需要的二重眼睑的形状，放置于合适的位置，按下键盘上的【Shift】+【Page Down】键，把该图形放置于底层，效果如图 8-10 所示。

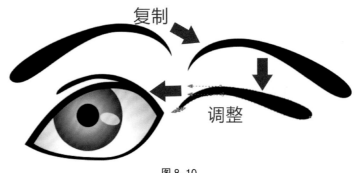

图 8-10

（10）绘制眼睫毛。

步骤一：鼠标左键单击选择工具箱中的【贝塞尔】工具，在合适的位置绘制眼睫毛的形状（注意：在绘制该图形时一定要把图形绘制成闭合图形），效果如图 8-11 所示。

步骤二：在图形处于选中的情况下，鼠标左键在调色板中的黑色处单击，鼠标右键在调色板上方的"X"形方框（作用：把轮廓颜色设置为无）处单击，设置图形的颜色，效果如图 8-11 所示。

步骤三：在眼睫毛图形处于选中的情况下，按下键盘上的【Shift】+【Page Down】键，把该图形置于底层，效果如图 8-11 所示。

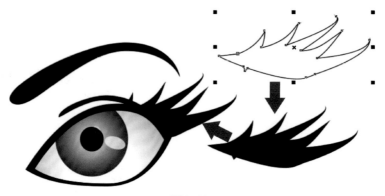

图 8-11

《11》绘制眼影图形。

步骤一：选择工具箱中的【贝塞尔】工具，绘制一个类似眼睛大小的图形，在图形处于选中的情况下，鼠标左键在调色板中的"宝石红色"（C：0、M：60、Y：60、K：40）处单击，鼠标右键在调色板上方的"X"形方框（作用：把轮廓颜色设置为无）处单击，设置图形的颜色，效果如图 8-12 所示。

步骤二：在该图形处于选中的情况下，执行菜单栏中的【位图】/【转换为位图】命令，把该图形转换为位图。执行菜单栏中的【位图】/【模糊】/【高斯式模糊】，调出【高斯式模糊】对话框，设置【半径】为 30 像素，单击【确定】，设置眼影图形的朦胧效果，效果如图 8-12 所示。

步骤三：在该图形处于选中的情况下，按下键盘上的【Shift】+【Page Down】键，把该图形置于底层，并调整该图形的位置及大小，以适应图像的整体效果，完成人物眼睛效果的绘制，效果如图 8-12 所示。

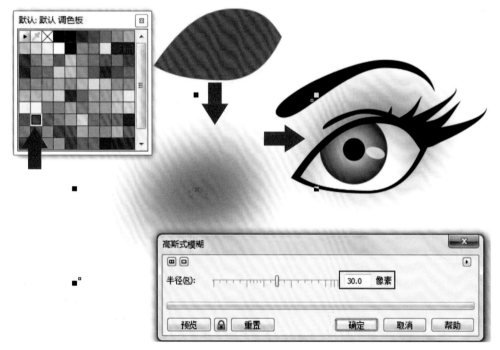

图 8-12

第二节

时装人物嘴的绘制

时装人物嘴的绘制最终完成效果如图 8-13 所示。

时装人物嘴的绘制步骤如下：

（1）打开 CorelDRAW X6 软件，执行菜单栏中的【文件】/【新建】命令，或者使用【Ctrl】+【N】组合快捷键，新建一个空白页，设定纸张大

图 8-13

图 8-14

小为"A4"，横向摆放如图 8-14 所示。

（2）绘制上嘴唇。

步骤一：选择工具箱中的【椭圆形】工具，在页面合适位置绘制一个椭圆形，效果如图 8-15 所示。

步骤二：选择工具箱中的【形状】工具，结合工具属性栏中的相关命令对椭圆形进行调整，得到需要的上嘴唇的形状，放置于合适的位置，效果如图 8-15 所示。

（3）绘制下嘴唇。

步骤一：选择工具箱中的【矩形】工具，在页面合适位置绘制一个矩形，效果如图 8-16 所示。

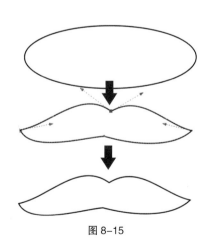

图 8-15

步骤二：选择工具箱中的【形状】工具，结合工具属性栏中的相关命令对矩形进行调整，得到需要的下嘴唇的形状，放置于合适的位置，效果如图 8-16 所示。

步骤三：选择工具箱中的【椭圆形】工具，在合适位置绘制一个椭圆形，效果如图 8-16 所示。

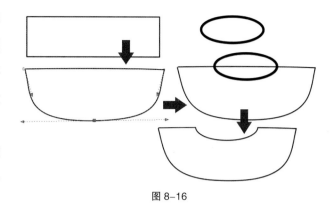

图 8-16

步骤四：按下键盘上的【Shift】键，加选绘制的下嘴唇及椭圆形两个图形，鼠标左键单击工具属性栏上的【修剪】命令，使两个图形进行上下修剪。移除椭圆形，得到下嘴唇轮廓图形，效果如图 8-16 所示。

《4》选中上嘴唇图形，鼠标左键单击工具箱中的【渐变填充】工具（或者按下键盘上的【F11】键），打开【渐变填充】对话框，设置"类型"为线性，设置"颜色调和"为自定义，设置"角度"为 92，鼠标左键在【渐变填充】对话框左下方的色条上的控制点上单击，结合对话框右下方的调色板窗口设置渐变颜色，设置该上嘴唇图形的渐变效果，单击【确定】填充上嘴唇色彩，效果如图 8-17 所示。

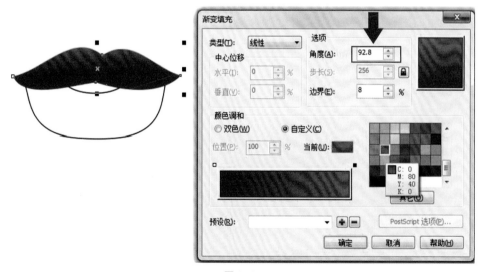

图 8-17

《5》选中下嘴唇图形，采用同上方法设置渐变颜色，填充下嘴唇图形渐变色彩，效果如图 8-18 所示。

《6》绘制唇部高光图形。

步骤一：因为高光图形为白色，在绘制过程中不容易与白色的底色拉开距离，所以要

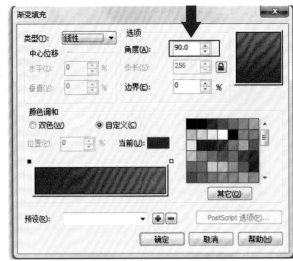

图 8-18

先绘制一块底色，以方便下一步绘制对象的
过程中便于观察。选择工具箱中的【矩形】
工具，在合适的位置绘制一个合适大小的矩
形，鼠标左键单击调色板上的黑色，为其填
充色彩，效果如图 8-19 所示。

　　步骤二：选择工具箱中的【椭圆形】工
具，在上步绘制的矩形上方绘制一个大小合
适的椭圆形，鼠标左键单击调色板上的白
色，为其填充色彩，效果如图 8-19 所示。

　　步骤三：在该图形处于选中的情况下，
执行菜单栏上的【位图】/【转换为位图】

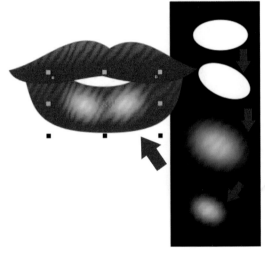

图 8-19

命令，打开【转换为位图】对话框，设置【分辨率】为 300dpi，单击确定，把该图形转
换为位图，效果如图 8-19 所示。

　　步骤四：在转换为位图的图形处于选中的情况下，执行菜单栏中的【位图】/【模
糊】/【高斯式模糊】命令，打开【高斯式模糊】对话框，设置【半径】为 20 像素，单击
确定，把该图形进行模糊处理，效果如图 8-19 所示。

　　步骤五：单击工具箱中的【选择】工具，选中高光图形，调整其大小及方向，放置于
下嘴唇上方，鼠标左键选择上步绘制的高光图形，按下鼠标左键拖拉该图形到合适的位
置，在不松开鼠标左键的情况下单击鼠标右键，然后释放鼠标左键复制该图形，调整其位
置及方向，完成本实例的绘制，效果如图 8-19 所示。

第三节

时装人物头部的绘制

时装人物头部的绘制最终完成效果如图 8-20 所示。

时装人物头部的绘制步骤如下：

《1》打开 CorelDRAW X6 软件，执行菜单栏中的【文件】/【新建】命令，或者使用【Ctrl】+【N】组合快捷键，新建一个空白页，设定纸张大小为"A4"，横向摆放如图 8-21 所示。

《2》选择工具箱中的【图纸】工具，结合工具属性栏中的相关命令设置 8 列 10 行的网格，在页面合适的位置单击绘制一个网格，效果如图 8-22 所示。

《3》选择工具箱中的【选择】工具，单击选中上步绘制的网格，结合工具属性栏中的相关命令将【对象大小】设置为宽 32mm、高 50mm，单击键盘上的【Enter】键，确定网格的大小，效果如图 8-23 所示。

《4》当该图形处于选中的情况下，鼠标右键单击调色板中 70% 的黑色，然后在该图

图 8-20

A4 | 297.0 mm / 210.0 mm | 单位: 毫米 | .1 mm | 5.0 mm / 5.0 mm

图 8-21

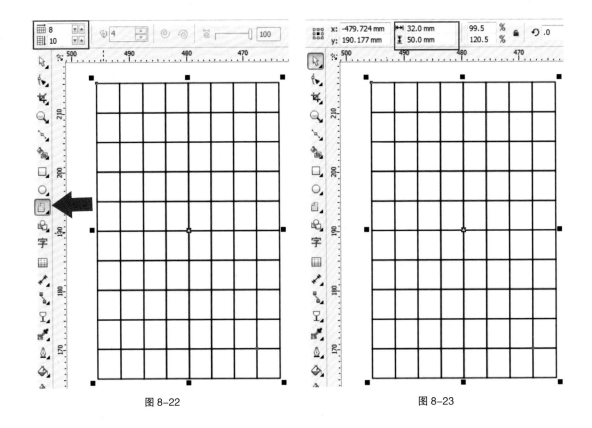

图 8-22　　　　　　　　　　　　　图 8-23

形上单击鼠标右键，在弹出菜单中选择【锁定对象】，把该网格锁定。绘制该网格的主要目的是为绘制时装人物头部提供比例依据，锁定它的目的是为了在下部绘制过程中不影响其他对象。效果如图 8-24 所示。

《5》绘制时装人物头部图形。

步骤一：选择工具箱中的【椭圆形】工具，在网格内部绘制一个椭圆形，效果如图 8-25 所示。

步骤二：选择工具箱中的【形状】工具，结合工具属性栏中的相关命令对椭圆形进行调整，得到需要的头部形状，效果如图 8-25 所示。

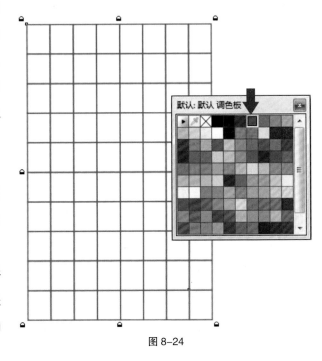

图 8-24

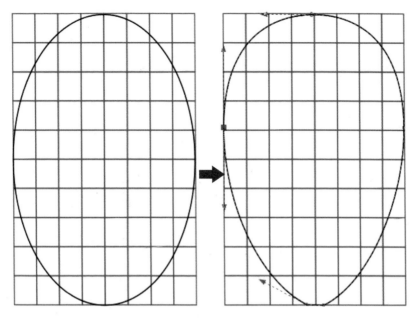

图 8-25

《6》绘制眼睛。

步骤一：复制步骤 6-1 中绘制的眼睛图形，粘贴于页面中，调整眼睛图形的大小，依据图 8-26 所示，放置于合适的位置。

步骤二：框选眼睛图形，鼠标左键选择眼睛图形，按下鼠标左键拖拉该图形到合适的位置，在不松开鼠标左键的情况下单击鼠标右键，然后释放鼠标左键复制该图形。执行结合工具属性栏中的【水平镜像】命令，水平翻转眼睛图形，放置于合适的位置，效果如图 8-26 所示。

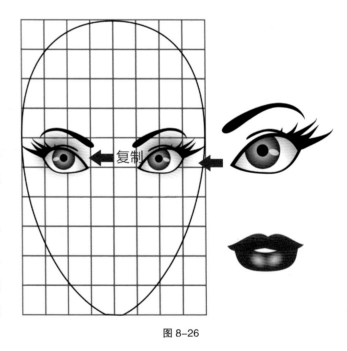

图 8-26

《7》复制本章第二节中绘制的时装人物嘴的图形，粘贴于页面中，调整嘴图形的大小，依据图 8-27 所示，放置于合适的位置，效果如图 8-27 所示。

《8》绘制时装人物的耳朵图形。

步骤一：选择工具箱中的【椭圆形】工具，在合适的位置绘制一个椭圆形，选择工具箱中的【选择】工具，在椭圆形中心双击，旋转该图形到合适的角度，放置于合适的位置，效果如图8-28所示。

步骤二：旋转椭圆形图形，鼠标左键选择椭圆形图形，按下鼠标左键拖拉该图形到合适的位置，在不松开鼠标左键的情况下单击鼠标右键，然后释放鼠标左键复制该图形。执行结合工具属性栏中的【水平镜像】命令，水平翻转椭圆形图形，放置于合适的位置，效果如图8-28所示。

步骤三：按下键盘上的【Shift】键，加选两个椭圆形图形，按下键盘上的【Shift】+【Page Down】键，把该图形置于底层，效果如图8-28所示。

《9》为图形上色。

步骤一：在网格图形上单击鼠标右键，在弹出菜单中选择【解锁对象】，按下键盘上的【Delete】键，删除网格图形，效果如图8-29所示。

步骤二：按下键盘上的【Shift】键，加选两个耳朵图形及面部大的椭圆形图形，鼠标左键单击调色板上的"沙黄色"（C：0、M：20、Y：40、K：0），为选中图形上色，效果如图8-29所示。

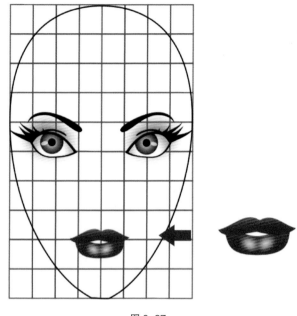

图8-27

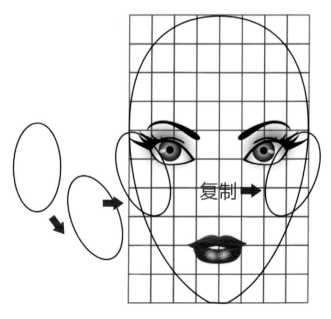

图8-28

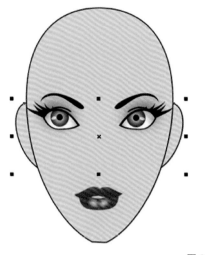

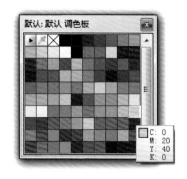

图 8-29

《10》绘制人物头发图形。

步骤一：选择工具箱中的【椭圆形】工具，在页面合适位置绘制两个椭圆形，效果如图 8-30 所示。

步骤二：选择工具箱中的【选择】工具，框选上步绘制的两个椭圆形，执行工具属性栏中的【修剪】命令，利用上方的椭圆形（红色轮廓）对下方椭圆形（绿色轮廓）进行修剪，选中上方的椭圆形图形（红色轮廓），按下键盘上的【Delete】键，删除该图形，效果如图 8-30 所示。

步骤三：选择工具箱中的【选择】工具，选中上步修剪得到的图形，把该图形放置于人物图像上方，效果如图 8-30 所示。

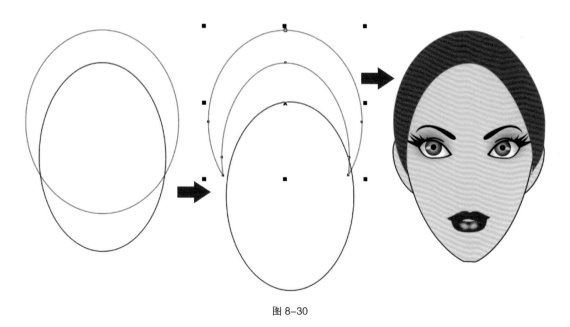

图 8-30

（11）调整头发图形的形状。

步骤一：选择工具箱中的【形状】工具，结合工具属性栏中的相关命令对头发图形进行调整，得到需要的头发图形的形状，效果如图 8-31 所示。

步骤二：鼠标右键在调色板上方的"X"形方框（作用：把轮廓颜色设置为无）处单击，设置图形的颜色，效果如图 8-31 所示。

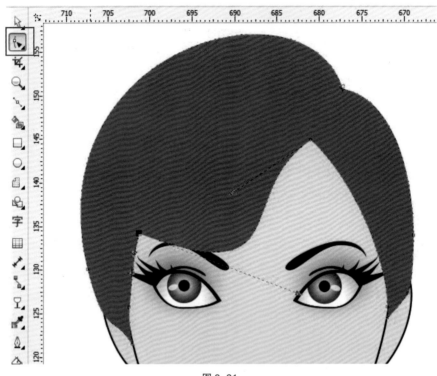

图 8-31

（12）绘制时装人物的鼻子图形。

步骤一：选择工具箱中的【椭圆形】工具，在合适的位置绘制一个椭圆形，选择工具箱中的【选择】工具，在椭圆形中心双击，旋转该图形到合适的角度，效果如图 8-32 所示。

步骤二：鼠标左键单击调色板上的"宝石红色"（C：0、M：60、Y：60、K：40），为选中图形上色，鼠标右键在调色板上方的"X"形方框（作用：把轮廓颜色设置为无）处单击，设置图形的颜色，效果如图 8-32 所示。

步骤三：鼠标左键选择椭圆形图形，按下鼠标左键拖拉该图形到合适的位置，在不松开鼠标左键的情况下单击鼠标右键，然后释放鼠标左键复制该图形。执行结合工具属性栏中的【水平镜像】命令，水平翻转椭圆形图形，放置于合适的位置，效果如图 8-32 所示。

图 8-32

（13）选择工具箱中的【选择】工具，按下键盘上的【Shift】键，加选头发、面部及两个耳朵图形，执行工具箱中的【轮廓笔】命令（或者按下键盘上的【F12】键），打开【轮廓笔】对话框，设置【颜色】为黑色、【宽度】为 0.2mm，在【随对象缩放】前方的方框单击勾选，单击【确定】完成轮廓线设置，完成本实例绘制。效果如图 8-33 所示。

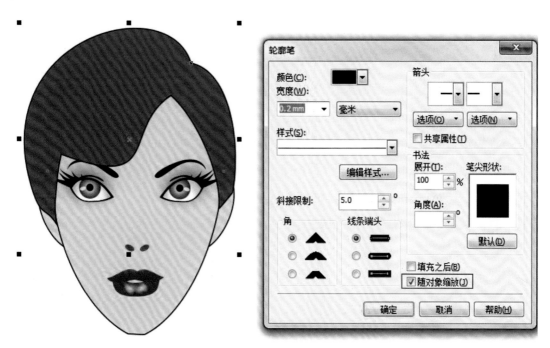

图 8-33

第四节
时装人体的绘制

时装人体的绘制最终完成效果如图8-34所示。

时装人体的绘制步骤如下：

《1》打开CorelDRAW X6软件，执行菜单栏中的【文件】/【新建】命令，或者使用【Ctrl】+【N】组合快捷键，新建一个空白页，设定纸张大小为"A4"，竖向摆放如图8-35所示。

《2》选择工具箱中的【图纸】工具，结合工具属性栏中的相关命令设置2列11行的网格，在页面合适的位置单击绘制一个网格，效果如图8-36所示（注：时装人体的比例是以头高为基础，大部分情况下，国内各高校时装画教学多采用8～12头人体比例法，本实例采用的时装人体比例为11头高，另时装人体的肩宽定为1.5头高左右，所以本实例所绘制的参考网格按照11行2列，高270mm，宽36mm的尺寸绘制）。

《3》选择工具箱中的【选择】工具，单

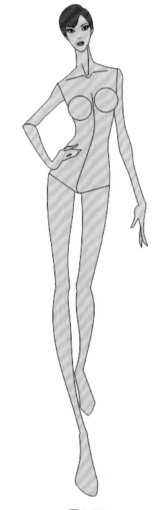

图 8-34

图 8-35

击选中上步绘制的网格，结合
工具属性栏中的相关命令设
置【对象大小】为宽 36mm、
高 270mm，单击键盘上的
【Enter】键，确定网格的大小，
当该图形处于选中的情况下，
鼠标右键单击调色板中 70%
的黑色，然后在该图形上单击
鼠标右键，在弹出菜单中选择
【锁定对象】，把该网格锁定。
绘制该网格的主要目的是为绘
制时装人体提供比例依据，锁
定它的目的是为了在下部绘制
过程中不影响其他对象，效果
如图 8-37 所示。

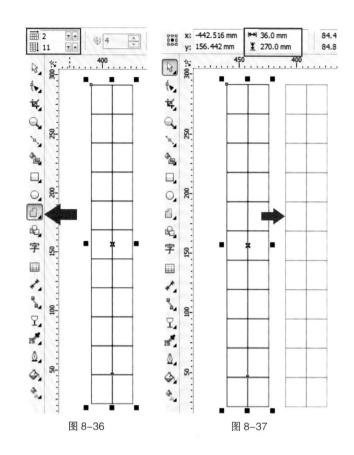

图 8-36   图 8-37

《4》复制步骤本章第三节
中绘制的时装人物头部图形，
粘贴于页面中，调整时装人物
头部图形的大小及角度，放置
于合适的位置，效果如图 8-38
所示。

《5》步骤一：首先绘制时
装人物脖子图形，选择工具箱
中的【矩形】工具，在合适的
位置绘制一个合适的矩形，单
击工具属性栏中的【转换为曲
线】命令，把矩形转换为普通
曲线（也可选择工具箱中的
【贝塞尔】工具，在合适的位置
直接进行绘制，注意一定要把
对象绘制成闭合图形），效果如

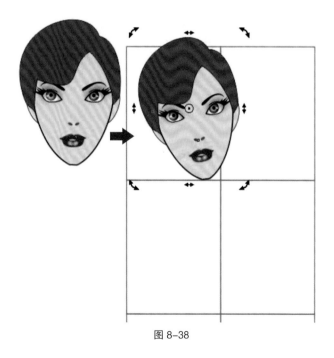

图 8-38

图 8-39 所示。

步骤二：选择工具箱中的【形状】工具，结合工具属性栏中的相关命令对矩形进行调整，得到需要的形状，效果如图 8-39 所示。

步骤三：用同上的方法绘制时装人物的肩部、胸部、腰部及胯部图形，此处不再赘述，为了能够让读者方便地理解，作者把以上图形填以不同的颜色，效果如图 8-39 所示。

（6）用同上的方法绘制时装人物的左腿及脚部图形，此处不再赘述，为了能够让读者方便地理解，作者把以上图形填以不同的颜色，效果如图 8-40 所示。

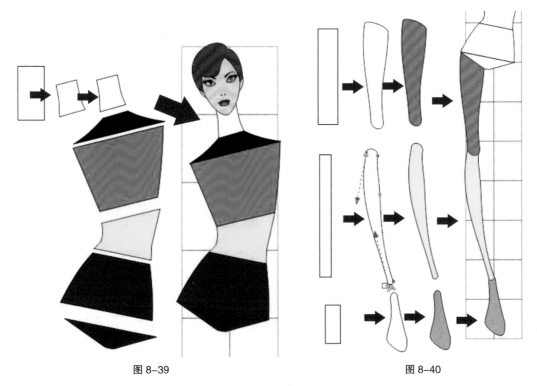

图 8-39   图 8-40

注：此种画法要求读者对人体结构、人体解剖知识有一定了解，并且具备一定美术基本功。当然，如果对于美术基本功稍差的读者，也可以用先在纸上画好后，利用数码相机、绘制扫描仪等设备，把图形转换为数字图形导入软件中，然后使用【贝塞尔】工具直接描摹，再利用【形状】工具进行修改的方法来绘制时装人体。

（7）用同上的方法绘制时装人物的右腿及脚部图形，此处不再赘述，为了能够让读者方便地理解，作者把以上图形填以不同的颜色，效果如图 8-41 所示。

（8）用同上的方法绘制时装人物的右臂及右手图形，此处不再赘述，为了能够让读者方便地理解，作者把以上图形填以不同的颜色，效果如图 8-42 所示。

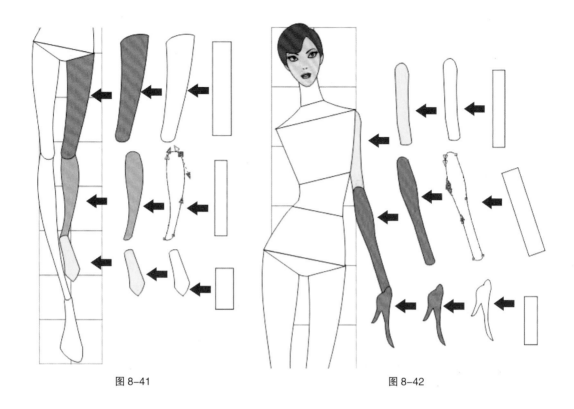

图 8-41   图 8-42

《9》用同上的方法绘制时装人物的左臂及左手图形，此处不再赘述，为了能够让读者
方便地理解，作者把以上图形填以不同的颜色，效果如图 8-43 所示。

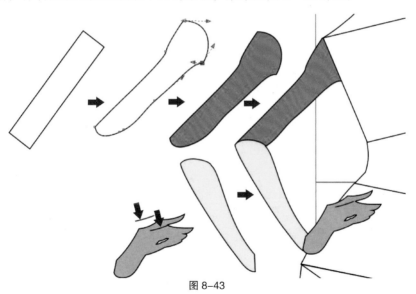

图 8-43

《10》按下键盘上的【Shift】键，加选左下臂及左手图形，执行工具属性栏上的【结
合】命令，焊接两个图形使其成为一个图形。运用相同的方法焊接右臂及右手图形，效果
如图 8-44 所示。

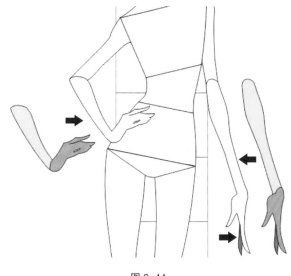

图 8-44

《11》 用同上的方法焊接人体的躯干图形，此处不再赘述，效果如图 8-45 所示。

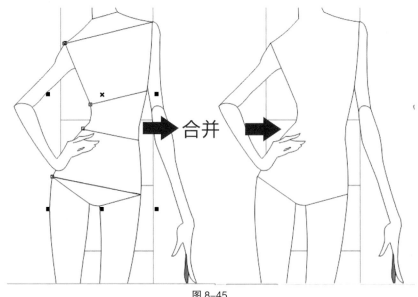

合并

图 8-45

《12》 选择工具箱中的【贝塞尔】工具，绘制时装人物的胸锁乳突肌、锁骨、前中心线等线条。然后再利用工具箱中的【形状】工具对这些线条进行微调，效果如图 8-46 所示。

《13》 选择工具箱中的【椭圆形】工具，按下键盘上的【Ctrl】键，绘制时装人物的胸部图形，鼠标左键选择上步绘制的正圆图形，按下鼠标左键拖拉该图形到合适的位置，在不松开鼠标左键的情况下单击鼠标右键，然后释放鼠标左键复制该图形，效果如图 8-47 所示。

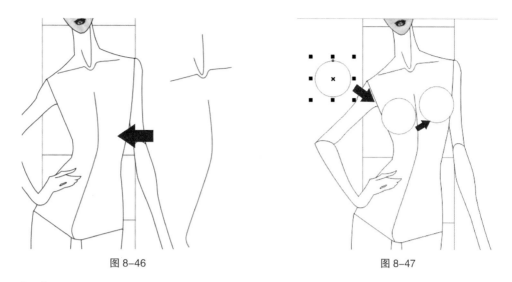

图 8-46   图 8-47

（14）使用步骤（9）的方法合并时装人体的左腿及右腿图形，此处不再赘述，效果如图 8-48 所示。

（15）按下键盘上的【Shift】键，加选时装人体所有图形，鼠标左键单击调色板上的"沙黄色"（C：0、M：20、Y：40、K：0），为选中图形上色，完成实例的绘制，效果如图 8-49 所示。

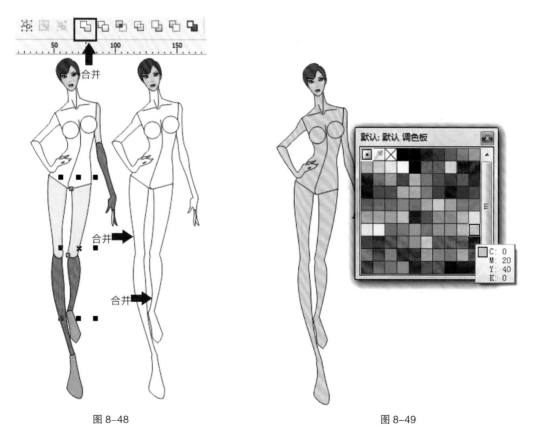

图 8-48   图 8-49

第五节

时装人物着装表现

时装人物着装效果的表现如图 8–50 所示。

时装人物着装表现步骤如下：

（1）打开 CorelDRAW X6 软件，执行菜单栏中的【文件】/【新建】命令，或者使用【Ctrl】+【N】组合快捷键，新建一个空白页，设定纸张大小为"A4"，竖向摆放如图 8–51 所示。

（2）绘制服装外廓型。

步骤一：选择工具箱中的【贝塞尔】工具，在合适的位置直接进行绘制，但要注意一定要把对象绘制成闭合图形，在该图形处于选中的情况下，鼠标左键单击调色板中的白色为其上色，效果如图 8–52 所示。

步骤二：选择工具箱中的【形状】工具，结合工具属性栏中的相关命令对绘制好的服装廓型图形进行调整，得到需要的形状，效果如图 8–52 所示。

（3）用同上的方法绘制服装左部及右部短袖图形，此处不再赘述，当两个图形调整完成后，选择工具箱中的【选择】工具，选中衣身图形，

图 8–50

图 8–51

按下键盘上的【Shift】+【Page Up】键，使衣身图形移到最上层，以调整衣身及短袖图形之间的前后位置关系，效果如图 8-53 所示。

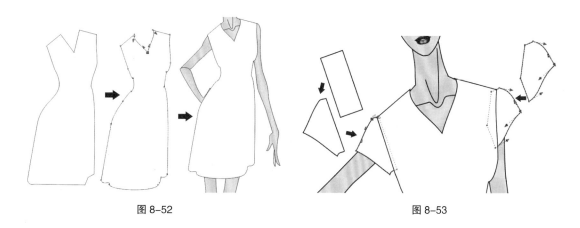

图 8-52　　　　　　　　　　　　　　　　　　　　图 8-53

《4》用同上的方法绘制服装腰部图形，此处不再赘述，效果如图 8-54 所示。

《5》用同上的方法绘制服装结构线、褶皱线及衣纹线图形，此处不再赘述，但是与上步不同点是：这些线条不用画成闭合图形，效果如图 8-55 所示。

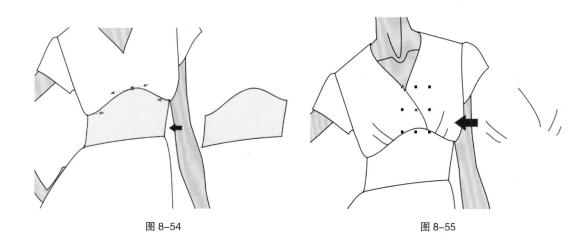

图 8-54　　　　　　　　　　　　　　　　　　　　图 8-55

《6》用同上的方法继续绘制服装结构线、褶皱线及衣纹线图形，此处不再赘述，效果如图 8-56 所示。

《7》选择工具箱中的【选择】工具，框选时装人物左前臂图形，按下键盘上的【Shift】+【Page Up】键，使该图形移到最上层，以调整人体与服装图形之间的前后位置关系，效果如图 8-57 所示。

《8》选择工具箱中的【选择】工具，选中服装外部廓型图形，鼠标左键单击调色板上的"秋橘红色"（C：0、M：60、Y：80、K：0），为选中图形上色。选中服装腰部图形，

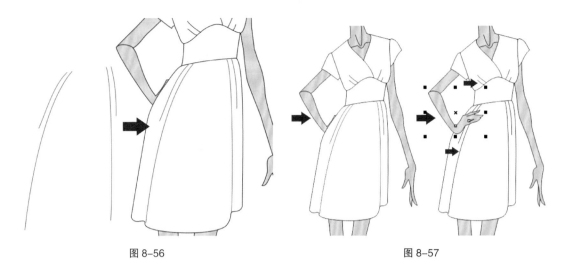

图 8-56   图 8-57

鼠标左键单击调色板上的"宝石红色"（C：0、M：60、Y：60、K：40），为选中图形上色，效果如图 8-58 所示。

图 8-58

《9》绘制高跟鞋。

步骤一：选择工具箱中的【贝塞尔】工具，在合适的位置直接绘制高跟鞋图形，注意一定要把对象绘制成闭合图形，效果如图 8-59 所示。

步骤二：选择工具箱中的【形状】工具，结合工具属性栏中的相关命令对高跟鞋图形进行调整，得到需要的形状，效果如图 8-59 所示。

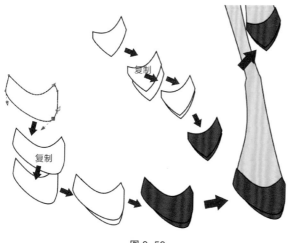

图 8-59

步骤三：鼠标左键选择上步绘制的高跟鞋图形，按下鼠标左键拖拉该图形到合适的位置，在不松开鼠标左键的情况下单击鼠标右键，然后释放鼠标左键复制该图形，效果如图 8-59 所示。

步骤四：鼠标左键选择上步复制的高跟鞋图形，按下键盘上的【Shift】+【Page Down】键，调整图形的前后顺序，框选绘制好的四个高跟鞋图形，鼠标左键单击调色板上的"宝石红色"（C：0、M：60、Y：60、K：40），为选中图形上色，效果如图 8-59 所示。

《10》该实例最终完成效果如图 8-60 所示。

图 8-60